JN028212

まえがき

　本書は，高専テキストシリーズの『確率統計（第2版）』に準拠した問題集である．各節は，[**まとめ**]に続いて，問題を難易度別に配置した．詳しい構成は，下記のとおりである．

まとめ　　いくつかの要項

原則的に，教科書『確率統計（第2版）』にある枠で囲まれた定義や定理，公式に対応したものである．ここに書かれていることは，問題を解いていく上で必要不可欠であるので，しっかりと理解してほしい．

A 問題　　教科書の問レベル

教科書の本文中の問に準拠してあり，問だけでは足りない分を補う役割を果たしている．これらの問題が解ければ，これ以後の学習に必要な内容が修得できるように配慮してある．

B 問題　　教科書の練習問題および定期試験レベル

教科書の練習問題に準拠して，やや応用力や計算力を必要とする問題を配置している．教科書で割愛された典型的な問題も，この中に例題として収録し，直後にその理解のための問題をおいている．また，問題を解く上で必要な [**まとめ**] の内容や関連する問題を参照できるように，要項番号および問題番号を [→] で示している．

C 問題　　大学編入試験問題レベル

編入試験問題やその類題を章末に配置した．脚注に〈point〉として考え方のヒントを示している．基礎的な問題から応用問題まで，その難易度は幅広いが，章全体の総合力を確認するために，ぜひチャレンジしてほしい．

解　　答　　全問に解答をつけた．とくに [**B**]，[**C**] 問題の解答はできるだけ詳しく，その道筋がわかるように示した．なお，[**C**] 問題で取り上げた編入試験問題の解答や解説は，学習上の参考のため，一例として本書執筆者が作成したものある．

　[注意]本書の問題は，第1章と第2章の [**C**] 問題を除き，基本的に電卓の使用を前提としている．また，例題および問題で扱うデータは，森北出版の Web サイト

https://www.morikita.co.jp/books/mid/005622

に掲載されている．表計算ソフトで扱える形式であるので，必要に応じてダウンロードし，活用してほしい．

　数学は，自らが考え問題を解くことによって理解が深まるものである．本書を活用することで，自分で考える習慣を身につけ，『確率統計』で学習する内容の理解をより確実なものにしてほしい．また，大学編入試験対策にも役立つことを願っている．

2023 年 1 月　　　　　　　　　　　　　高専テキストシリーズ 執筆者一同

目　次

*のついた要項や問題は，教科書では「付録」に掲載している内容である．

データの整理

1 1次元のデータ

1.1 度数分布表とヒストグラム データがとびとびの値 $x_1 < x_2 < \cdots$ をとる変数を X, Y などで表す。変数 X に対し，x_i の値をとるデータの個数を**度数**といい，f_i で表す。変数の値 x_i と度数 f_i の関係を**度数分布**といい，これらを表にまとめたものを**度数分布表**という。各度数 f_i をデータ全体の個数 n で割った値 $\dfrac{f_i}{n}$ を**相対度数**という。また，変数の値がある値以下の度数を合計したものを**累積度数**といい，相対度数を合計したものを**累積相対度数**という。度数分布を柱状グラフに表したものを**ヒストグラム**という。

1.2 離散型変数と連続型変数 とびとびの値しかとらない変数を**離散変数**といい，ある区間のどの値もとりうる変数を**連続型変数**という。変数のとりうる値の範囲をいくつかの区間に分け，その区間に属する変数の個数を調べて度数分布表を作るとき，それぞれの区間を**階級**といい，各階級の中央の値を**階級値**という。

1.3 代表値 データの特徴を1つの数値で表すとき，この値を**代表値**という。おもな代表値には，次のものがある。

(1) 変数 X に関して n 個のデータ $x_1, x_2, \ldots, x_n$ があるとき，

$$\overline{x} = \frac{1}{n} \sum_{i=1}^{n} x_i = \frac{1}{n}(x_1 + x_2 + \cdots + x_n)$$

を変数 X の**平均**または**平均値**という。データが度数分布表で与えられたとき，階級値 x_i に対する度数を f_i $(i = 1, 2, \ldots, N)$ とすると，平均は

$$\overline{x} = \frac{1}{n} \sum_{i=1}^{N} x_i f_i = \frac{1}{n}(x_1 f_1 + \cdots + x_N f_N)$$

で求められる。

(2) データを大きさの順に並べたとき，中央にくる値を**メディアン（中央値）**という。データの個数が偶数のときは，中央にくる2つの値の平均をとる。

(3) 度数がもっとも大きい値または階級値を**モード（最頻値）**という。

1.4　分散と標準偏差　データの散らばり具合を表す数値を**散布度**という．おもな散布度には，次のものがある．

(1) データの最大値と最小値の差を**レンジ**（範囲）という．

(2) n 個のデータ $x_1, x_2, \ldots, x_n$ の**分散** v_x を次のように定める．

$$v_x = \frac{1}{n}\sum_{i=1}^{n}(x_i - \overline{x})^2$$

(3) 分散の正の平方根 s_x を**標準偏差**という．すなわち，$s_x = \sqrt{v_x}$ である．
本書では，分散の単位を省略する．

1.5　分散の計算方法　分散は次のように求めることができる．

(1) データが $x_1, x_2, \ldots, x_n$ で与えられたとき，

$$v_x = \frac{1}{n}\sum_{i=1}^{n}x_i^2 - \overline{x}^2$$

(2) データが度数分布表で与えられたとき，階級値 x_i に対する度数を $f_i\ (i = 1, 2, \ldots, N)$ とすると，

$$v_x = \frac{1}{n}\sum_{i=1}^{N}x_i^2 f_i - \overline{x}^2$$

1.6　平均の性質　変数 X, Y の間に 1 次式 $Y = aX + b$（a, b は定数）という関係があるとき，X, Y それぞれの平均 $\overline{x}, \overline{y}$ について，次の関係が成り立つ．

$$\overline{y} = a\overline{x} + b$$

1.7　分散・標準偏差の性質　変数 X, Y の間に $Y = aX + b$（a, b は定数）という関係があるとき，それぞれの分散を v_x, v_y，標準偏差を s_x, s_y とする．このとき，次が成り立つ．

$$v_y = a^2 v_x, \quad s_y = |a|s_x$$

1.8　変数の標準化　変数 X の平均を $\overline{x}$，標準偏差を s_x とする．

(1) 変数 Z を

$$Z = \frac{X - \overline{x}}{s_x}$$

で定めるとき，Z の平均は 0，標準偏差は 1 となる．これを変数 X の**標準化**という．

(2) 変数 T を

$$T = 50 + 10 \cdot \frac{X - \bar{x}}{s_x}$$

で定めると，T の平均は 50，標準偏差は 10 となる．このように定められる変数 T を X の**偏差値**という．

1.9*　四分位数と箱ひげ図　データを値が小さいほうから順に並べたとき，全体の $\frac{1}{4}$ の位置にあるデータを**第 1 四分位数**といい，Q_1 で表す．また，全体の $\frac{3}{4}$ の位置にあるデータを**第 3 四分位数**といい，Q_3 で表す．このとき，$Q = Q_3 - Q_1$ を**四分位偏差**（または**四分偏差**）という．データの最小値，第 1 四分位数，メディアン，第 3 四分位数，最大値を箱と線分（ひげ）で表現した図を**箱ひげ図**という．

A

Q1.1　さいころ 4 個を同時に投げて，偶数の目が出たさいころの個数を 20 回記録して，次の結果が得られた．このデータから，偶数の目が出たさいころの個数の度数と相対度数を含めた相対度数分布表，および累積度数と累積相対度数を含めた累積相対度数分布表を作り，度数分布のヒストグラムをかけ．

$$3\quad 2\quad 2\quad 0\quad 1\quad 3\quad 2\quad 4\quad 2\quad 3$$
$$0\quad 1\quad 1\quad 2\quad 3\quad 2\quad 1\quad 4\quad 1\quad 2$$

Q1.2　次のデータは，あるクラスの 3 年生 16 人の走り幅跳びの結果（単位 [m]）である．3.5 m から 0.5 m 刻みとする相対度数および累積相対度数まで含めた相対度数分布表を作り，度数分布のヒストグラムをかけ．また，度数分布表およびヒストグラムからどのようなことがわかるか答えよ．

$$3.86\quad 5.05\quad 4.67\quad 4.32\quad 4.58\quad 5.21\quad 3.59\quad 5.45$$
$$5.10\quad 4.95\quad 4.05\quad 4.33\quad 4.91\quad 5.39\quad 5.55\quad 4.88$$

Q1.3　次のデータは，期末試験での 8 教科の成績（単位 [点]）である．この試験での 1 教科あたりの平均点を求めよ．値は小数第 2 位を四捨五入せよ．

$$63\quad 82\quad 59\quad 72\quad 90\quad 65\quad 83\quad 77$$

Q1.4　次のデータは，Q1.2 の走り幅跳びの結果をまとめたものである．この表をもとに，このクラスの 3 年生 16 人の走り幅跳びの平均を計算せよ．また，もとのデータの値から直接平均を計算せよ．値は小数第 3 位を四捨五入せよ．

階級 [m]	3.5 以上 4.0 未満	4.0〜4.5	4.5〜5.0	5.0〜5.5	5.5〜6.0	計
階級値 (x_i)	3.75	4.25	4.75	5.25	5.75	
度数 (f_i)	2	3	5	5	1	16
$x_i f_i$						

Q1.5　以下のデータのメディアンとモードを求めよ.

$$1 \quad 1 \quad 2 \quad 3 \quad 3 \quad 4 \quad 4 \quad 4 \quad 5 \quad 5$$

Q1.6　次の表は, クラスの男子 20 人で 50 m 走を行った結果を度数分布表にまとめ
たものである. このデータの平均, メディアン, モードを求めよ.

階級 [秒]	6.2 以上 6.8 未満	6.8〜7.4	7.4〜8.0	8.0〜8.6	8.6〜9.2	9.2〜9.8	合計
階級値 [秒]	6.5	7.1	7.7	8.3	8.9	9.5	
度数	2	7	5	3	2	1	20

Q1.7　Q1.6 の度数分布表から, 分散 v_x と標準偏差 s_x を求めよ. 値は小数第 3 位を
四捨五入せよ.

Q1.8　次の 10 個のデータの平均 $\overline{x}$ と分散 v_x および標準偏差 s_x を求めよ. 値は小
数第 3 位を四捨五入せよ.

$$8 \quad 12 \quad 9 \quad 15 \quad 12 \quad 11 \quad 10 \quad 13 \quad 10 \quad 12$$

Q1.9　Q1.8 のデータについて, 分散を $v_x = \dfrac{1}{n}\displaystyle\sum_{i=1}^{n} x_i^2 - \overline{x}^2$ によって求めよ. 値は
小数第 3 位を四捨五入せよ.

Q1.10　次の表は, あるプロ野球チームの 20 試合における得点の分布表である. こ
の表を完成させることで, 得点の平均 $\overline{x}$, 分散 v_x, 標準偏差 s_x を求めよ. 値は
小数第 3 位を四捨五入せよ.

得点 (x_i) [点]	0	1	2	3	4	5	8	計
試合数 (f_i)	3	4	2	5	4	1	1	20
$x_i f_i$								
$x_i^2 f_i$								

Q1.11　ある学年で数学と英語の試験を行った. 次の問いに答えよ. 値は小数第 2 位
を四捨五入せよ.
(1) 数学の平均点が 68 点, 標準偏差が 12 点であったとき, 数学の得点が 74 点
の学生と 56 点の学生の偏差値をそれぞれ求めよ.

(2) 英語の平均点が 63 点，標準偏差が 9 点であったとき，英語の得点が 80 点の学生と 50 点の学生の偏差値をそれぞれ求めよ．

━━━ B ━━━

Q1.12 次の度数分布表を完成させ，平均 $\overline{x}$，分散 v_x，標準偏差 s_x を求めよ．値は小数第 2 位を四捨五入せよ．

(1)

変数 (x_i)	10	20	30	40	50	合計
度数 (f_i)	3	4	6	4	3	20
$x_i f_i$						
$x_i^2 f_i$						

(2)

変数 (x_i)	5	10	15	20	25	30	合計
度数 (f_i)	5	1	4	3	3	2	18
$x_i f_i$							
$x_i^2 f_i$							

Q1.13 下の度数分布表について，次の問いに答えよ．　　→ まとめ 1.3, 1.6

身長 [cm] の階級	156.0 以上 160.0 未満	160.0 〜 164.0	164.0 〜 168.0	168.0 〜 172.0	172.0 〜 176.0	176.0 〜 180.0	180.0 〜 184.0	合計
階級値 X (x_i)	158	162	166	170	174	178	182	
度数 (f_i)	1	3	6	8	7	4	1	30
y_i				0	1			
$y_i f_i$								

(1) 階級値 X に対して，変数 Y を $Y = \dfrac{X - 170}{4}$ と定めたとき，この表を完成させよ．

(2) 変数 Y の平均 $\overline{y}$ を求め，身長のデータの平均を求めよ．値は小数第 2 位を四捨五入せよ．

Q1.14 $a < b < c < d$ であるとき，次のデータの平均，メディアン，モードを求めよ．　　→ まとめ 1.3, Q1.3, Q1.5

$$a \quad a \quad a \quad a \quad b \quad b \quad b \quad c \quad c \quad d \quad d \quad d \quad d$$

Q1.15 以下のデータの平均が 3.5，モードが 3 であるとき，自然数 x, y の値を求め，メディアンを求めよ．　　→ まとめ 1.3

$$3 \quad x \quad 1 \quad 2 \quad 5 \quad y \quad 6 \quad 5 \quad y \quad 1$$

Q1.16　変数 X の平均が 12，分散が 4 のとき，次の変数 Y の平均，分散，標準偏差を求めよ. → まとめ 1.6, 1.7, Q1.21

(1) $Y = 2X - 5$　　　　　　　　　　　　(2) $Y = \dfrac{X - 12}{2}$

Q1.17　以下は，40 人のクラスで計算小テストを行い，全問正解するまでにかかった時間（単位［秒］）をまとめたものである. 小数点以下は切り捨てられ，整数値のみとなっている. また，データは昇順に並べ替えられている. 以下の問いに答えよ. → まとめ 1.1, 1.2, Q1.7

95 97 98 98 100 101 101 104 105 108 110 112 113 113 114 114 117 118
118 119 119 122 123 123 124 126 126 127 129 130 132 134 134 136 136
139 140 143 144 144

(1) 95 秒以上 100 秒未満を最初の階級とし，階級の幅が 5 秒である度数分布表を作れ.

(2) (1) の度数分布表を用いて平均と分散を求めよ. 分散は小数第 3 位を四捨五入せよ.

(3) 95 秒以上 105 秒未満を最初の階級とし，階級の幅が 10 秒である度数分布表を作れ.

(4) (3) の度数分布表を用いて平均と分散を求めよ.

Q1.18　変数 X について，その平均と分散がそれぞれ $\bar{x} = 62$, $v_x = 12$ である. 定数 a, b を用いて $Y = aX + b$ と定義された変数 Y の平均と分散がそれぞれ $\bar{y} = 50$, $v_y = 3$ であるとき，定数 a, b の値を求めよ. → まとめ 1.6, 1.7

Q1.19　5 つのデータ 2, 3, 4, 6, 7 からなる変数を X とすると，X の平均は 4.4 で，分散は 4.3 である. 変数 Y のデータが (1)〜(4) のように与えられているとき，それぞれについて，Y を $Y = aX + b$（a, b は定数）の形で表し，Y の平均と分散を求めよ. → まとめ 1.6, 1.7

(1) 12　13　14　16　17　　　　　　(2) 0.2　0.3　0.4　0.6　0.7
(3) −6　−9　−12　−18　−21　　　(4) 96　94　92　88　86

Q1.20　体重を身長の 2 乗で割った値を BMI といい，肥満度を測るための指標として用いられている. 次の度数分布表は，ある会社で働く男性社員 50 名の BMI を測定した結果をまとめたものである. 50 名の男性社員の BMI の平均は 23.6 であった. 階級値 X に対して，変数 Y を $Y = \dfrac{X - 24}{4}$ と定めるとき，次の問いに答えよ.

BMI の階級	14.0 以上 18.0 未満	18.0～22.0	22.0～26.0	26.0～30.0	30.0～34.0	計
階級値 (x_i)	16.0	20.0	24.0	28.0	32.0	
y_i			0			
度数 (f_i)	2	15	22	x	y	50
$y_i f_i$			0			

(1) この表を完成させよ.

(2) 変数 Y の平均 $\bar{y}$ を求めよ.

(3) 表中の x, y の値を求めよ.

Q1.21 ある会社で働く男性社員 50 名の 1 日あたりの摂取カロリー（単位 [kcal]）を調査した結果，次のような度数分布表になった．次の問いに答えよ．

階級	1200 以上 1400 未満	1400 ～ 1600	1600 ～ 1800	1800 ～ 2000	2000 ～ 2200	2200 ～ 2400	2400 ～ 2600	2600 ～ 2800	2800 ～ 3000	計
階級値 X (x_i)	1300	1500	1700	1900	2100	2300	2500	2700	2900	
y_i				-1	0	1				
度数 (f_i)	2	4	5	8	10	7	6	5	3	50
$y_i f_i$										
$y_i^2 f_i$										

(1) 階級値 X に対して，変数 Y を $Y = \dfrac{X - 2100}{200}$ と定めたとき，表を完成させよ.

(2) 変数 Y の平均 $\bar{y}$ と分散 v_y を求め，その値を用いて男性社員の摂取カロリーの平均，分散，標準偏差を求めよ．標準偏差の値は小数第 2 位を四捨五入せよ．

Q1.22 ある変数の分布が右の度数分布表のように表され，その変数の平均が 1.8，標準偏差が 0.8 であるという． x, y, z の値を求めよ．   → **まとめ 1.3, 1.4, 1.5, Q1.12**

値	1	2	3	計
度数	x	y	z	25

例題 1.1*

次のデータについて，最小値，第 1 四分位数，メディアン，第 3 四分位数，最大値を求めて，箱ひげ図をかけ.

(1) 1, 2, 3, 4, 5, 6, 7, 8, 9   (2) 1, 2, 3, 4, 5, 6, 7, 8, 9, 10

ただし，データを小さい順に左から 1 列に並べたとき，第 1 四分位数と第 3 四分位数を次のように定める．

（ア）データが奇数個のときは，メディアンを取り除いて残ったデータのうち，左半分のデータ（**下位のデータ**という）のメディアンが第 1 四分位数であり，右半分のデータ（**上位のデータ**という）のメディアンが第 3 四分位数である.

（イ）データが偶数個のときは，左半分のデータのメディアンが第 1 四分位数であり，右半分のデータのメディアンが第 3 四分位数である.

解　(1) 最小値と最大値はそれぞれ 1, 9 である．データは 9 個であるから，メディアンは 5 である．この場合，メディアンを除いた下位のデータは 1, 2, 3, 4 であるから，第 1 四分位数は $Q_1 = \dfrac{2+3}{2} = 2.5$ である．また，メディアンを除いた上位のデータは 6, 7, 8, 9 であるから，第 3 四分位数は $Q_3 = \dfrac{7+8}{2} = 7.5$ である.

(2) 最小値と最大値はそれぞれ 1, 10 である．データは 10 個であるから，メディアンは $\dfrac{5+6}{2} = 5.5$ である．この場合，下位のデータは 1, 2, 3, 4, 5 であるから，第 1 四分位数は $Q_1 = 3$ である．上位のデータは 6, 7, 8, 9, 10 であるから，第 3 四分位数は $Q_3 = 8$ である.

箱ひげ図は右の図のようになる.

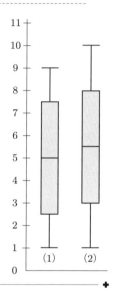

Q1.23* 　次のデータについて，最小値，第 1 四分位数，メディアン，第 3 四分位数，最大値を求めて，箱ひげ図をかけ.

   (1) 3, 5, 4, 12, 15, 7, 4, 9, 10 　　　　　(2) 7, 10, 2, 8, 12, 7, 9, 13, 11, 8

2 　2次元のデータ

2.1　相関　2つのデータの組を平面上の点の座標 (x, y) と考えて座標平面上に表したものを**散布図**または**相関図**という．2つの変数の間に，一方が増加すると他方も増加する傾向がみられるときは**正の相関**があるといい，一方が増加すると他方が減少する傾向がみられるときは**負の相関**があるという．

2.2　共分散　n 個のデータ $(x_1, y_1), (x_2, y_2), \ldots, (x_n, y_n)$ の組の共分散を

$$c_{xy} = \frac{1}{n} \sum_{i=1}^{n} (x_i - \overline{x})(y_i - \overline{y})$$

で定める．$\overline{xy} = \dfrac{1}{n} \displaystyle\sum_{i=1}^{n} x_i y_i$ と定めると，次の等式が成り立つ．

$$c_{xy} = \overline{xy} - \overline{x} \cdot \overline{y}$$

2.3　相関係数　2つの変数 X, Y の相関係数 r_{xy} を

$$r_{xy} = \frac{c_{xy}}{s_x \cdot s_y}$$

で定める．このとき，次の等式が成り立つ．

$$r_{xy} = \frac{\overline{xy} - \overline{x} \cdot \overline{y}}{\sqrt{\overline{x^2} - \overline{x}^2} \cdot \sqrt{\overline{y^2} - \overline{y}^2}}$$

2.4　Y の X への回帰直線の方程式　Y の X への回帰直線を次のように定める．

$$y = \frac{c_{xy}}{s_x{}^2}(x - \overline{x}) + \overline{y}$$

2.5　相関係数の性質　相関係数 $r_{xy} = \dfrac{c_{xy}}{s_x \cdot s_y}$ は次の性質をもつ．

(1) $-1 \leqq r_{xy} \leqq 1$

(2) $|r_{xy}|$ の値が1に近いとき，X と Y の間の相関が強いと考えられる．とくに，$|r_{xy}| = 1$ のとき，すべての点は回帰直線上にある．

(3) r_{xy} の値が0に近いとき，X と Y の間の相関が弱いと考えられる．

■■■■　A　■■■■■■■■■

Q2.1　次の (1)〜(3) のデータについて，X, Y の平均を求めよ．また，それぞれに
ついて，散布図をかき，どのような相関があるといえるかを答えよ．

(1)

X	1	2	3	4	5	6
Y	-3	-1	1	3	5	7

(2)

X	-3	-2	-1	0	1	2	3
Y	6	1	-2	-3	-2	1	6

(3)

X	-1	0	1	0
Y	0	-1	0	1

Q2.2　次の (1), (2) のデータについて，表を完成させて変数 X, Y の相関係数を求め
よ．値は小数第 3 位を四捨五入せよ．

(1)

							合計
X	10	21	13	25	45	26	140
Y	32	46	33	38	75	37	261
X^2							
Y^2							
XY							

(2)

							合計
X	15	43	67	20	33	15	193
Y	7	3	10	9	1	12	42
X^2							
Y^2							
XY							

Q2.3　次のデータについて，表を完成させ，下の問いに答えよ．値は小数第 3 位を
四捨五入せよ．

							合計
X	5	3	9	4	7	10	38
Y	23	36	19	31	10	9	128
X^2							
Y^2							
XY							

(1) Y の X への回帰直線を求めよ．

(2) X の Y への回帰直線を求めよ．

(3) $X = 8$ のときの Y の値を，回帰直線の式を用いて予想せよ．

■■■■　B　■■■■■■■■■

Q2.4　以下の表は，1983 年から 2007 年までの男子 100 m 競走の世界記録の推移で
ある．

年	1983	1988	1991	1994	1996	1999	2005	2007
記録［秒］	9.93	9.92	9.86	9.85	9.84	9.79	9.77	9.74

次の問いに答えよ.   → まとめ 2.2〜2.4, Q2.2, Q2.3

(1) 世界記録が樹立されたそれぞれの年から 1995 を引いた数値を x,そのとき の記録を y [秒] とするとき,y の x への回帰直線と相関係数を求めよ.

(2) (1) の結果から,2009 年に世界記録が樹立されたときの記録を予想せよ.値 は小数第 3 位を四捨五入せよ.

Q2.5 右の表は,ある化学製品を製造する際に必 要な原材料の薬品の質量 (X) と,そのときに 製造された完成品の質量 (Y) のデータ(単位 [g])である.次の問いに答えよ.

X	81	43	85	53	80
Y	90	59	86	61	89

→ まとめ 2.3, 2.4, Q2.2, Q2.3

(1) Y の X への回帰直線を求めよ.値は小数第 3 位を四捨五入せよ.

(2) X, Y の相関係数を求めよ.値は小数第 3 位を四捨五入せよ.

(3) この原材料を 70 g 用いたとき,製造される完成品の質量はどのくらいである と考えられるか.値は小数第 2 位を四捨五入せよ.

Q2.6 コンピュータのある演算プログラ ムにおいて,入力した変数の個数と演 算に要した時間を調べたところ,右の 表のようになった.次の問いに答えよ.

個数 x	50	100	200	1000	2000
時間 y	13.1	14.5	16.0	19.4	20.8

→ まとめ 2.4, Q2.3

(1) $z = \log x$ として変数 z と y の関係を表にせよ.z の値は小数第 2 位を四捨 五入せよ.

(2) y の z への回帰直線を求めよ.値は小数第 3 位を四捨五入せよ.

(3) $x = 5000$ のとき,計算に要する時間を予想せよ.値は小数第 3 位を四捨五 入せよ.

Q2.7 室温が 0°C に保たれた部屋に 60°C の物体を放置し,物体の温度 変化を調べたところ,右の表のよう になった.次の問いに答えよ.

時間 t [分]	0	5	10	20	30
温度 y [°C]	60.0	38.2	24.1	9.9	4.5

→ まとめ 2.1, 2.4, Q2.3

(1) t と y について散布図をかけ.

(2) $z = \log y$ として,t と z の関係を表にし,散布図をかけ.z の値は小数第 2 位を四捨五入せよ.

(3) z の t への回帰直線を求めよ.値は小数第 3 位を四捨五入せよ.

(4) (3) より y を t の関数で表せ.

(5) 40 分後の物体の温度を予想せよ.値は小数第 2 位を四捨五入せよ.

Q2.8　n 個のデータ $(x_1, y_1), (x_2, y_2), \ldots, (x_n, y_n)$ について，次の等式が成り立つことを証明せよ.　　　　　　　　　　　　　　　　　　　　　　　→ **まとめ 2.2**

$$c_{xy} = \frac{1}{n} \sum_{i=1}^{n} (x_i - \overline{x}) y_i$$

Q2.9　2 変数 X, Y の平均と標準偏差をそれぞれ $\overline{x}, \overline{y}, s_x, s_y$ とし，相関係数を r_{xy} とする. $r_{xy} \neq 0$ とするとき，次の問いに答えよ.　　　　　　　　　→ **まとめ 2.4**

(1) Y の X への回帰直線の方程式は

$$\frac{y - \overline{y}}{s_y} = r_{xy} \cdot \frac{x - \overline{x}}{s_x}$$

であることを証明せよ.

(2) Y の X への回帰直線と，X の Y への回帰直線が一致するための必要十分条件は，$r_{xy} = \pm 1$ であることを証明せよ.

例題 2.1 ─────────────────────────────

　変数 X, Y に関する n 個のデータ $(x_1, y_1), (x_2, y_2), \ldots, (x_n, y_n)$ と変数 U, V に関する n 個のデータ $(u_1, v_1), (u_2, v_2), \ldots, (u_n, v_n)$ について，関係式

$$u = ax + b, \quad v = cy + d \quad (a, b, c, d \text{ は定数で, } a > 0, c > 0)$$

が成り立つとき，次の問いに答えよ.

(1) 等式 $c_{uv} = ac \cdot c_{xy}$ が成り立つことを証明せよ.

(2) x と y の相関係数を r_{xy}，u と v の相関係数を r_{uv} とするとき，等式 $r_{uv} = r_{xy}$ が成り立つことを証明せよ.

(3) y の x への回帰直線の傾きを k_{xy}，v の u への回帰直線の傾きを k_{uv} とするとき，等式 $k_{uv} = \dfrac{c}{a} k_{xy}$ が成り立つことを証明せよ.

証明　(1) 平均の性質から，次のようになる.

$$\begin{aligned}
c_{uv} &= \frac{1}{n} \sum_{i=1}^{n} (u_i - \overline{u})(v_i - \overline{v}) \\
&= \frac{1}{n} \sum_{i=1}^{n} \{(ax_i + b) - (a\overline{x} + b)\}\{(cy_i + d) - (c\overline{y} + d)\} \\
&= ac \cdot \frac{1}{n} \sum_{i=1}^{n} (x_i - \overline{x})(y_i - \overline{y}) = ac \cdot c_{xy}
\end{aligned}$$

(2) 標準偏差の性質から $s_u = as_x$, $s_v = cs_y$ であるから，次のようになる．

$$r_{uv} = \frac{c_{uv}}{s_u \cdot s_v} = \frac{ac \cdot c_{xy}}{as_x \cdot cs_y} = \frac{c_{xy}}{s_x \cdot s_y} = r_{xy}$$

(3) $k_{uv} = \dfrac{c_{uv}}{s_u{}^2} = \dfrac{ac \cdot c_{xy}}{a^2 s_x{}^2} = \dfrac{c}{a} k_{xy}$

証明終

Q2.10 右の変数 X, Y につい
て，以下の問いに答えよ．

X	-4	9	7	2	5	0	6	6	-3	-8
Y	2	28	25	11	16	5	21	16	9	-3

(1) Y の X への回帰直線を求めよ．

(2) 変数 $U = X + 50$, $V = \dfrac{1}{10}Y + 10$ について，V の U への回帰直線を求めよ．

- -

Q2.11 変数 X, Y について，それぞれの標準偏差 s_x, s_y が 0 でないとする．X と Y の相関係数を r_{xy} とするとき，次のことを証明せよ．　→ まとめ 2.3, 2.4

(1) $r_{xy} = 1$ ならば，Y の X への回帰直線の傾きは $\dfrac{s_y}{s_x}$ である．

(2) $r_{xy} = 0$ であるのは，Y の X への回帰直線が定数関数 $y = a$ （a は定数）のときに限る．

Q2.12 $A_1, A_2, \ldots, A_n$ の n 人の学生に英語と
数学の試験を実施した結果，その点数の順
位が右の表のようであったとする．ここで，
$x_1, x_2, \ldots, x_n$ と $y_1, y_2, \ldots, y_n$ は順位であり，
それぞれ 1 から n までの数字が 1 つずつ入る．

学生	A_1	A_2	A_3	$\cdots$	A_n
英語	x_1	x_2	x_3	$\cdots$	x_n
数学	y_1	y_2	y_3	$\cdots$	y_n

英語の順位 X と数学の順位 Y の相関係数を r_{xy} とするとき，次の問いに答えよ．　→ まとめ 2.3

(1) X と Y の順序が完全に一致するとき，すなわち英語と数学の順位が完全に一致するとき，$r_{xy} = 1$ であることを証明せよ．

(2) X と Y の順序が完全に逆であるとき，すなわち英語と数学の順位が完全に逆であるとき，$r_{xy} = -1$ であることを証明せよ．

(3) 次の式が成り立つことを証明せよ．

$$r_{xy} = 1 - \frac{6 \sum_{i=1}^{n} (x_i - y_i)^2}{n(n^2 - 1)}$$

この式の右辺を**スピアマンの順位相関係数**という.

(4) 8 人の学生に英語と数学の試験を実施した結果,以下の表のような順位であったとする.このとき,スピアマンの順位相関係数を求めよ.答えは小数第 4 位を四捨五入せよ.

学生	A_1	A_2	A_3	A_4	A_5	A_6	A_7	A_8
英語	5	8	1	7	2	3	6	4
数学	7	4	3	5	2	6	8	1

C

Q1 以下の問いに答えよ. (同志社大学)

(1) n 個のデータ $x_i\,(i = 1, 2, \ldots, n)$ とそれを線形変換したデータ $y_i = cx_i + d$ (c, d は定数) について,それぞれの平均および分散を $\overline{x}, \overline{y}$ および s_x^2, s_y^2 で表す.このとき,以下が成り立つことを示せ.

$$\overline{y} = c\overline{x} + d, \quad s_y^2 = c^2 s_x^2$$

(2) n 個のデータ $x_i\,(i = 1, 2, \ldots, n)$ と m 個のデータ $y_j\,(j = 1, 2, \ldots, m)$ について,それぞれの平均および分散を $\overline{x}, \overline{y}$ および s_x^2, s_y^2 で表し,これらを合わせたときの平均,分散を $\overline{z}, s_z^2$ で表す.このとき,以下が成り立つことを示せ.

$$\overline{z} = \frac{n\overline{x} + m\overline{y}}{n + m}, \quad s_z^2 = \frac{ns_x^2 + ms_y^2}{n + m} + \frac{nm}{(n + m)^2}(\overline{x} - \overline{y})^2$$

〈point〉 **Q1** データの平均と分散について,定義と性質から計算する. (1) は基本的な公式であるが,きちんと証明する必要がある. → まとめ 1.3, 1.5, 1.6, 1.7

2 確 率

3　離散的な確率

3.1　試行と事象　さいころを投げる場合のように，同じ条件のもとで繰り返し行うことができる実験や観察のことを**試行**という．試行によって起こることがらを**事象**という．事象は集合で表すことができる．試行に対して，1つだけの要素からなる事象を**根元事象**という．すべての根元事象の集まりを**全事象**といい，Ω で表す．空集合に対応する事象を**空事象**といい，ϕ で表す．2つの事象 A と B について，A と B が同時に起こるという事象を A と B の**積事象**といい，$A \cap B$ で表す．A または B が起こるという事象を A と B の**和事象**といい，$A \cup B$ で表す．$A \cap B = \phi$ が成り立つとき，事象 A と事象 B は互いに**排反**であるという．事象 A が起こらないという事象を事象 A の**余事象**といい，$\overline{A}$ で表す．

3.2　確率の意味　1つの試行において，すべての根元事象が同程度に起こることが期待できるとき，これらの根元事象は**同様に確からしい**という．全事象の根元事象が同様に確からしいとき，事象 A の起こる確率を $P(A) = \dfrac{n(A)}{n(\Omega)}$ と定める．ただし，任意の事象 B について，$n(B)$ は事象 B に含まれる根元事象の個数を表す．

3.3　確率の性質　確率について，次のことが成り立つ．

(1) 任意の事象 A に対して，$0 \leqq P(A) \leqq 1$

(2) $P(\Omega) = 1, \quad P(\phi) = 0$

(3) （確率の加法定理）2つの事象 A, B に対して

$$P(A \cup B) = P(A) + P(B) - P(A \cap B)$$

とくに，事象 A, B が互いに排反であれば，

$$P(A \cup B) = P(A) + P(B)$$

(4) 任意の事象 A に対して，$P(\overline{A}) = 1 - P(A)$

3.4 **反復試行の確率**　試行を繰り返すとき，個々の試行の結果が他の試行の確率に影響を与えないとき，これらの試行は**独立**であるという．独立な試行を繰り返し行うことを**反復試行**という．1回の試行において，事象 A の起こる確率が p であるとする．この試行を n 回繰り返して行うとき，事象 A が k 回だけ起こる確率 p_k は，

$$p_k = {}_nC_k p^k (1-p)^{n-k} \quad (0 \leqq k \leqq n)$$

で与えられる．

3.5 **条件付き確率**　$P(A) \neq 0$ のとき，事象 A が起こったときに事象 B が起こる条件付き確率を

$$P(B|A) = \frac{P(A \cap B)}{P(A)}$$

と定める．

3.6 **確率の乗法定理**　$P(A) \neq 0$, $P(B) \neq 0$ のとき，次の式が成り立つ．

$$P(A \cap B) = P(A)P(B|A) = P(B)P(A|B)$$

3.7 **復元抽出と非復元抽出**　袋の中から玉を取り出すようなとき，取り出したものをもとに戻してから再び取り出す方法を**復元抽出**という．取り出したものをもとに戻さずに再び取り出す方法を**非復元抽出**という．

3.8 **事象の独立**　事象 A, B が $P(A \cap B) = P(A)P(B)$ を満たすとき，A と B は互いに**独立**であるという．

3.9 **ベイズの定理**

(1) 任意の事象 A, B について，次の等式が成り立つ．

$$P(A|B) = \frac{P(A) \cdot P(B|A)}{P(A) \cdot P(B|A) + P(\overline{A}) \cdot P(B|\overline{A})}$$

(2) 全事象が互いに排反な事象 $A_1, A_2, \ldots, A_n$ の和集合になっているとき，次の等式が成り立つ．

$$P(A_i|B) = \frac{P(A_i) \cdot P(B|A_i)}{\sum_{k=1}^{n} P(A_k) \cdot P(B|A_k)} \quad (i = 1, 2, \ldots, n)$$

＝＝＝＝＝＝　**A**　＝＝＝＝＝＝

Q3.1　次の試行に対する全事象 Ω を，集合を用いて表せ．
 (1) 1 から 12 までの数字がかかれたカード 12 枚から 1 枚を取り出し，その数字を調べる
 (2) さいころを 2 つ投げ，出た目を調べる
 (3) 硬貨を 3 枚投げ，その表裏の出方を調べる

Q3.2　1 から 8 までの数字がかかれた 8 枚のカードから 2 枚を同時に引き，カードの数字を調べる．引いたカードの数字が a と b であることを (a,b) とかく．ab が偶数になる事象を A，ab が 3 の倍数になる事象を B，$a+b$ が 4 の倍数になる事象を C とする．このとき，次の事象を集合を用いて表せ．
 (1) $\overline{A}$　　　　　　　　　(2) $A \cap B$　　　　　　　　　(3) $\overline{A \cup C}$

Q3.3　2 つのさいころを同時に投げるとき，次の事象が起こる確率を求めよ．
 (1) 目の和が 9 である事象
 (2) 目の和が 5 以下である事象
 (3) 目の和が 8 以上である事象
 (4) 1 つのさいころの目だけが 3 の倍数である事象

Q3.4　1 から 10 までの数字がかかれた 10 枚のカードから 2 枚を同時に取り出すとき，取り出した 2 枚のカードの数の積が偶数となる事象を A，2 枚のカードの数の和が 7 の倍数となる事象を B とする．次の確率を求めよ．
 (1) $P(A)$　　　　　　　　　(2) $P(B)$　　　　　　　　　(3) $P(A \cap B)$
 (4) $P(A \cup B)$　　　　　　　(5) $P(\overline{A \cup B})$

Q3.5　1 つの袋の中に白玉が 3 個，赤玉が 6 個，黒玉が 3 個入っている．この袋から同時に 4 個の玉を取り出すとき，次の確率を求めよ．
 (1) 4 個とも赤玉が出る確率　　　　　(2) 赤玉と黒玉が 2 個ずつ出る確率
 (3) 白玉が 2 個出る確率　　　　　　(4) 白玉が 2 個以上出る確率

Q3.6　1 枚の硬貨を 6 回投げるとき，表が 4 回出る確率を求めよ．

Q3.7　1 つのさいころを 4 回投げるとき，次の確率を求めよ．
 (1) 3 の倍数の目が 1 回も出ない確率
 (2) 3 の倍数の目が 1 回だけ出る確率
 (3) 3 の倍数の目が 2 回以上出る確率

Q3.8 ある政策についての賛否を問うアンケート調査を 100 人に対して行った. 男性については賛成が 33 人で反対が 19 人であった. 女性については賛成が 27 人で反対が 21 人であった. この 100 人の中から無作為に 1 人を選ぶとき, 次の確率を求めよ.

(1) 選ばれた人が男性である確率, および選ばれた人が男性でこの政策に賛成である確率

(2) 選ばれた人が男性であったとき, この人がこの政策に賛成である確率

(3) 選ばれた人が女性であったとき, この人がこの政策に反対である確率

Q3.9 赤玉 7 個, 白玉 5 個, あわせて 12 個の玉が入っている袋から玉を 1 個ずつ取り出す試行を 2 回繰り返す. 次の確率を求めよ. ただし, 玉の取り出し方は非復元抽出とする.

(1) 1 回目も 2 回目も白玉が出る確率

(2) 1 回目に赤玉が出て, 2 回目に白玉が出る確率

(3) 2 回目に赤玉が出る確率

Q3.10 1 から 20 までの数字がかかれた 20 枚のカードから無作為に 1 枚のカードを取り出す. 取り出されたカードの数字が偶数である事象を A, 3 の倍数である事象を B, 12 以下の数である事象を C とするとき, 次の 2 つの事象が独立であるかどうかを調べよ.

(1) A と B (2) B と C (3) C と A

Q3.11 $P(A) \neq 0, P(\overline{A}) \neq 0$ とする. $P(B|\overline{A}) = P(B)$ のとき, $P(B|A) = P(B)$ であることを証明せよ.

Q3.12 2 つの袋 X, Y があり, 袋 X には赤玉が 2 個, 白玉が 3 個, 袋 Y には赤玉が 5 個, 白玉が 4 個入っている. 無作為に袋を選び, この袋の中から無作為に 1 個の玉を取り出したところ, 赤玉であった. この玉が袋 X から取り出された確率を求めよ.

Q3.13 ある商店では, 製品を 3 つの工場 A, B, C から, 7 : 2 : 1 の割合で仕入れている. それぞれの工場の製品には, 1%, 2%, 3% の割合で不良品が含まれている. この商店で製品を 1 つ無作為に選んだところ, 不良品であった. この製品が C 工場から仕入れられたものである確率を求めよ.

Q3.14 牛がある病気を発症する確率は 0.02 であるとする．この病気を判定する検査方法について，発症している牛がこの検査で陽性となる確率は 0.7 であり，発症していない牛がこの検査で陽性となる確率は 0.1 であるとする．無作為に選んだ 1 頭の牛がこの検査を受けて陽性の判定がでたとき，この牛が発症している確率を求めよ．

B

Q3.15 1 組のトランプ 52 枚から同時に 5 枚を取り出すとき，次の確率を求めよ．ただし，A（エース），J（ジャック），Q（クィーン），K（キング）はそれぞれ 1，11，12，13 を表すものとする． → **まとめ 3.2, Q3.5**

(1) $2, 4, 9, 11, 13$ などのように，5 枚のカードの数字がすべて異なる確率

(2) $1, 5, 7, 7, 10$ などのように，2 枚のカードの数字だけが同じである確率

(3) 5 枚ともハートなどのように，5 枚のカードの柄がすべて同じである確率

Q3.16 1 つの袋の中に，白玉 4 個，赤玉 3 個，黒玉 2 個が入っている．その中から，同時に 4 個の玉を取り出すとき，次の確率を求めよ． → **まとめ 3.2, 3.3, Q3.5**

(1) 3 種類の色の玉が取り出される確率

(2) 2 種類の色の玉が取り出される確率

Q3.17 1 つの袋の中に赤玉が 4 個，白玉が 3 個入っている．この袋から無作為に 1 個を取り出し，それと同じ色の玉を 1 個加えて 2 個にして袋に戻すという操作を 3 回繰り返す．このとき，赤玉が 2 回，白玉が 1 回取り出される確率を求めよ． → **まとめ 3.6, Q3.9**

Q3.18 1 つの袋の中に赤玉が 3 個，白玉が 2 個入っている．この袋から非復元抽出で無作為に玉を 1 個ずつ取り出していくとき，最後に取り出される玉が赤玉である確率を求めよ． → **まとめ 3.2**

Q3.19 n を自然数とする．1 枚の硬貨を $2n$ 回投げるとき，表が n 回出る確率を $p(n)$ とする．次の問いに答えよ． → **まとめ 3.4, Q3.6**

(1) $p(1), p(2), p(3)$ を求めよ． (2) $\dfrac{p(n)}{p(n+1)}$ を n で表せ．

(3) $p(n) > p(n+1)$ が成り立つことを証明せよ．

Q3.20 A, B の 2 つの袋があり，A の袋には 1 から 5 までの数字がかかれた玉が 1 つずつ，B の袋には 1 から 7 までの数字がかかれた玉が 1 つずつ入っている．2 つの袋から 1 つずつ玉を取り出し，A から取り出した玉の数字を a，B から取り出した玉の数字を b とするとき，次の確率を求めよ． → **まとめ 3.3**

(1) $a + b$ が偶数になる確率 　　　　　 (2) ab が 3 の倍数になる確率

(3) $a^2 + b^2 < 25$ を満たす確率

Q3.21 数直線上の点 P は次の規則で動く．最初は原点にあり，さいころを 1 回投げて，1 の目が出たら右に 2 だけ動き，2 または 3 の目が出たら右に 1 だけ動き，4 以上の目が出たら左に 1 だけ動く．さいころを 4 回投げたとき，点 P が次の座標にある確率を求めよ． → **まとめ 3.4**

(1) 8 　　　　　　　　　　 (2) -2 　　　　　　　　　　 (3) 5

Q3.22 A, B, C, D の 4 つの野球チームがある．A が B, C, D に勝つ確率は，それぞれ 0.9, 0.8, 0.7 であり，B が C, D に勝つ確率は，それぞれ 0.6, 0.5 であり，C が D に勝つ確率は 0.4 である．引き分けはないものとする．この 4 チームで右図のようなトーナメント戦をする．ただし，1 回戦の組合せ

トーナメント対戦表

は，A, B, C, D とかかれた 4 枚のカードをよく切って一列に並べ，この順序でトーナメント対戦表のチーム名の欄に入れる．このとき，次の確率を求めよ．

→ **まとめ 3.6**

(1) 1 回戦の試合が A 対 B と C 対 D であるとき，A が優勝する確率

(2) A が優勝する確率

Q3.23 階段の下にいる A, B の 2 人がジャンケンをして，次の規則で階段を上がるゲームをする．パーで勝ったら 5 段上がり，チョキで勝ったら 2 段上がり，グーで勝ったら 1 段上がり，負けたときには動かない．ただし，"あいこ" の場合は勝負がつくまでジャンケンを繰り返すものとする．また，2 人とも，グー，チョキ，パーを出す確率はそれぞれ $\dfrac{1}{3}$ である．ジャンケンを 3 回したとき，次の確率を求めよ． → **まとめ 3.4**

(1) A も B も 2 段目にいる確率 　　　　 (2) A だけが 2 段目にいる確率

(3) A が B よりも上の段にいる確率

Q3.24 ある通信システムでは，送信機は 0 か 1 の信号を送信し，受信機がこれを受信する．送信機が信号 0 を送信する確率は 0.40 であり，信号 1 を送信する確

率は 0.60 である．信号 0 が送信されたとき，正しく 0 が受信される確率は 0.90 であり，誤って 1 が受信される確率は 0.10 である．信号 1 が送信されたとき，正しく 1 が受信される確率は 0.85 であり，誤って 0 が受信される確率は 0.15 である．次の確率を求めよ．ただし，値は既約分数で答えよ．

→ まとめ 3.9, Q3.12〜3.14

(1) 送信機が信号を送信したとき，受信機が信号 1 を受信する確率

(2) 受信機が信号 1 を受信したとき，送信機が信号 0 を送信していた確率

Q3.25 ある工場で作られる製品が，規格外である確率は 0.10 である．この製品を最終工程で検査すると，規格内の製品では 0.97 の確率で合格と判定され，規格外の製品でも 0.13 の確率で合格と判定されてしまう．ある製品を最終工程で検査して合格と判定されたとき，この製品が規格外である確率を求めよ．ただし，値は既約分数で答えよ． → まとめ 3.9, Q3.12〜3.14

Q3.26 黒い袋の中には赤玉が 3 個，白玉が 7 個入っている．茶色の袋の中には赤玉が 11 個，白玉が 4 個入っている．さいころを投げて，2 以下の目が出たら黒い袋から玉を 1 つ取り出し，3 以上の目が出たら茶色の袋から玉を 1 つ取り出す．このとき，次の確率を求めよ． → まとめ 3.9, Q3.12〜3.14

(1) 袋から赤玉が出る確率

(2) 袋から赤玉が出たとき，それが黒い袋から出ていた確率

Q3.27 赤玉 6 個と白玉 4 個が入っている袋がある．この袋から 3 個の玉を取り出し，代わりに異なる色の玉を袋に戻すことにする．たとえば，袋から赤玉 3 個を取り出したときには代わりに白玉 3 個を袋に戻し，袋から赤玉 2 個と白玉 1 個を取り出したときには代わりに白玉 2 個と赤玉 1 個を袋に戻すことにする．このとき，次の確率を求めよ． → まとめ 3.9, Q3.12〜3.14

(1) 2 回目に赤玉 3 個を取り出す確率

(2) 2 回目に赤玉 3 個を取り出したとき，1 回目でも赤玉 3 個を取り出していた確率

Q3.28 ある病気 A は発症率が非常に低く，1 万人に 1 人の割合で発症するとする．この病気にかかっているかどうかを調べる検査 B には高い信頼性があり，病気 A を発症している人に検査 B を行うと，99% の人が陽性を示し，1% の人が陰性を示す．また，病気 A を発症していない人に検査 B を行うと，99% の人が陰性を示し，1% の人が陽性を示す．いま，ある人が検査 B を受け，結果が陽性であったとき，この人が病気 A を発症している確率を求めよ．

→ まとめ 3.9, Q3.12〜3.14

4   確率変数と確率分布

4.1 **離散型確率変数と確率分布**　ある試行の結果によってとりうる値が定まり，その値をとる確率が定まっている変数を**確率変数**といい，X, Y などで表す．確率変数がとびとびの値をとるとき，**離散型確率変数**という．離散型確率変数 X について，$X = x_k$ となる確率を $P(X = x_k)$ と表すとき，

$$P(X = x_k) = p_k \quad (k = 1, 2, \ldots, n) \qquad \cdots\cdots ①$$

を X の**確率分布**といい，確率分布を表で表したものを X の**確率分布表**という．

X の確率分布表

X	x_1	x_2	$\cdots$	x_n	計
$P(X = x_k)$	p_1	p_2	$\cdots$	p_n	1

①について，$p_i \geq 0 \ (i = 1, 2, \ldots, n)$, $p_1 + p_2 + \cdots + p_n = 1$ が成り立つ．

4.2 **連続型確率変数**　実数全体で定義された変数 X について，ある関数 $f(x)$ を用いて，区間 $a \leq X \leq b$ における確率が

$$P(a \leq X \leq b) = \int_a^b f(x)\, dx \qquad \cdots\cdots ①$$

と表されるとき，X は**連続型確率変数**であるといい，その分布を**連続型確率分布**という．また，関数 $f(x)$ を X の**確率密度関数**という．関数 $f(x)$ が確率変数 X の確率密度関数であるとき，

$$\text{すべての実数 } x \text{ について } f(x) \geq 0 \text{ かつ } \int_{-\infty}^{\infty} f(x)dx = 1 \qquad \cdots\cdots ②$$

を満たす．また，①，②を満たす関数 $f(x)$ は確率変数 X の確率密度関数になる．

4.3 **一様分布と指数分布**

(1) 正の数 L に対して，確率変数 X の確率密度関数が

$$f(x) = \begin{cases} \dfrac{1}{L} & (0 \leq x \leq L) \\ 0 & (\text{それ以外}) \end{cases}$$

で与えられるとき，この確率分布を**一様分布**という．

(2) $\lambda > 0$ とする. 確率変数 X の確率密度関数が

$$f(x) = \begin{cases} \lambda e^{-\lambda x} & (0 \leqq x) \\ 0 & (x < 0) \end{cases}$$

で与えられるとき, この確率分布を**指数分布**という.

4.4 **確率変数の平均** 確率変数 X の平均（値）または期待値 $E[X]$ を次のように定める.

(1) 離散型確率変数 X の確率分布を $P(X = x_i) = p_i \ (i = 1, 2, \ldots, n)$ とするとき,

$$E[X] = \sum_{i=1}^{n} x_i p_i$$

(2) 連続型確率変数 X の確率密度関数を $f(x)$ とするとき,

$$E[X] = \int_{-\infty}^{\infty} x f(x) \, dx$$

4.5 $aX + b$ **の平均** 確率変数 X と定数 a, b について, 次の式が成り立つ.

$$E[aX + b] = aE[X] + b$$

4.6 **確率変数の関数の平均** X を確率変数, $\varphi(x)$ を関数とする.

(1) X が離散型確率変数のとき, 確率分布を $P(X = x_i) = p_i \ (i = 1, 2, \ldots, n)$ とすれば,

$$E[\varphi(X)] = \varphi(x_1)p_1 + \varphi(x_2)p_2 + \cdots + \varphi(x_n)p_n = \sum_{i=1}^{n} \varphi(x_i)p_i$$

(2) X が連続型確率変数のとき, 確率密度関数を $f(x)$ とすれば,

$$E[\varphi(X)] = \int_{-\infty}^{\infty} \varphi(x) f(x) \, dx$$

一般に, 関数 $\varphi(X), \psi(X)$ と定数 a, b について, 次が成り立つ.

$$E[a\varphi(X) + b\psi(X)] = aE[\varphi(X)] + bE[\psi(X)]$$

4.7　分散・標準偏差　確率変数 X について $E[X] = \mu$ とするとき，X の分散 $V[X]$ を次のように定める.

(1) X が離散型確率変数のとき，確率分布を $P(X = x_k) = p_k \ (k = 1, \, 2, \ldots, n)$ とすれば，

$$V[X] = \sum_{k=1}^{n} (x_k - \mu)^2 p_k$$

(2) X が連続型確率変数のとき，確率密度関数を $f(x)$ とすれば，

$$V[X] = \int_{-\infty}^{\infty} (x - \mu)^2 f(x) \, dx$$

また，標準偏差 $\sigma[X]$ を $\sigma[X] = \sqrt{V[X]}$ と定める.

4.8　分散・標準偏差の性質　確率変数 X の分散 $V[X]$，標準偏差 $\sigma[X]$ について，次のことが成り立つ.

(1) $V[X] = E[X^2] - (E[X])^2$

(2) a, b が定数のとき，$V[aX + b] = a^2 V[X], \quad \sigma[aX + b] = |a| \sigma[X]$

4.9　同時確率分布　2 つの離散型確率変数 X, Y のとりうる値をそれぞれ $x_i, \, y_j \, (1 \leqq i \leqq n, \, 1 \leqq j \leqq m)$ とする. 2 つの事象 $X = x_i$ と $Y = y_j$ が同時に起こる確率が p_{ij} であるとき，これを

$$P(X = x_i, Y = y_j) = p_{ij}$$

と表し，X, Y の**同時確率分布**という. 同時確率分布を表に表したものを**同時確率分布表**という.

4.10　確率変数の独立

(1) 2 つの離散型確率変数 X, Y に対して，すべての i, j について

$$P(X = x_i, Y = y_j) = P(X = x_i) \cdot P(Y = y_j)$$

が成り立つとき，離散型確率変数 X, Y は**互いに独立である**という.

(2) 2 つの連続型確率変数 X, Y に対して，すべての $a, b, c, d \, (a \leqq b, c \leqq d)$ について

$$P(a \leqq X \leqq b, c \leqq Y \leqq d) = P(a \leqq X \leqq b) \cdot P(c \leqq Y \leqq d)$$

が成り立つとき，連続型確率変数 X, Y は**互いに独立である**という.

4.11 **確率変数の関数の平均**　2つの離散型確率変数 X, Y の確率分布が

$$P(X = x_i, Y = y_j) = p_{ij} \quad (1 \leqq i \leqq m, \ 1 \leqq j \leqq n)$$

であるとき，X, Y の関数 $\varphi(X, Y)$ の平均は

$$E[\varphi(X, Y)] = \sum_{i=1}^{m} \sum_{j=1}^{n} \varphi(x_i, y_j) p_{ij}$$

で求めることができる.

4.12 **平均の性質**　確率変数 X, Y について，次の性質が成り立つ.
(1) a, b が定数のとき，

$$E[aX + bY] = aE[X] + bE[Y]$$

である. とくに，$E[X + Y] = E[X] + E[Y]$ である.
(2) X と Y が互いに独立ならば，

$$E[XY] = E[X]E[Y]$$

である.

4.13 **分散の性質**　a, b は定数とする. 確率変数 X, Y が互いに独立ならば，

$$V[aX + bY] = a^2 V[X] + b^2 V[Y]$$

である. とくに，$V[X + Y] = V[X] + V[Y]$ である.

4.14 **n 変数の確率変数の平均と分散**　$a_1, a_2, \ldots, a_n$ は定数とする. 確率変数 $X_1, X_2, \ldots, X_n$ について，次のことが成り立つ.
(1) $E[a_1 X_1 + a_2 X_2 + \cdots + a_n X_n] = a_1 E[X_1] + a_2 E[X_2] + \cdots + a_n E[X_n]$
(2) $X_1, X_2, \ldots, X_n$ が互いに独立ならば，

$$V[a_1 X_1 + a_2 X_2 + \cdots + a_n X_n] = {a_1}^2 V[X_1] + {a_2}^2 V[X_2] + \cdots + {a_n}^2 V[X_n]$$

A

Q4.1　次の確率変数 X の確率分布表をかけ.

(1) 8 つの面に 1 から 8 までの数字をかいた正八面体のさいころを投げて, 上面に出た目の数を X とする

(2) 8 つの面に 1 から 8 までの数字をかいた正八面体のさいころを投げて, 上面に出た目の数を 5 で割った余りを X とする

(3) さいころ 1 つと硬貨 1 枚を投げて, 硬貨が裏であればさいころの目の数が得点になり, 硬貨が表であればさいころの目の数の 2 倍が得点となるゲームをする. このゲームの得点を X とする

(4) 大小 2 つのさいころを同時に投げて, 大きいさいころの目の数から小さいさいころの目の数を引いた数を X とする

Q4.2　a を正の定数とする. 関数

$$f(x) = \begin{cases} \dfrac{1}{4} - a^2 x^2 & \left(-\dfrac{1}{2a} \le x \le \dfrac{1}{2a}\right) \\ 0 & (\text{それ以外}) \end{cases}$$

が確率変数 X の確率密度関数であるとき, 次の問いに答えよ.

(1) 定数 a の値を求めよ.　　　　　(2) $P(-1 \le X \le 2)$ を求めよ.

Q4.3　Q 4.1(1)〜(4) の確率変数の平均をそれぞれ求めよ.

Q4.4　確率変数 X の確率密度関数が

$$f(x) = \begin{cases} \dfrac{3}{8} x^2 & (0 \le x \le 2) \\ 0 & (\text{それ以外}) \end{cases}$$

で与えられるとき, X の平均 $E[X]$ を求めよ.

Q4.5　さいころを 2 つ同時に投げて, 3 の倍数の目が出たさいころの個数を X とする. このとき, 次の値を求めよ.

(1) $E[X]$　　　　(2) $E[X^2]$　　　　(3) $E[2X + 1]$　　　　(4) $E[(X+1)^2]$

Q4.6　確率変数 X の確率分布が右の表で与えられている. このとき, X の平均 $E[X]$, 分散 $V[X]$, 標準偏差 $\sigma[X]$ を求めよ.

k	0	1	2	3	計
$P(X=k)$	$\dfrac{1}{6}$	$\dfrac{1}{3}$	$\dfrac{1}{3}$	$\dfrac{1}{6}$	1

Q4.7　Q4.4 の確率密度関数について, 次の値を求めよ.

(1) $E[X^2]$　　　　　　　(2) $V[X]$　　　　　　　(3) $\sigma[X]$

Q4.8　袋の中に赤玉が 3 個, 白玉が 2 個入っている. この袋の中から玉を 1 個取り出して, 色を確かめてから袋に戻す. 次に, また玉を 1 個取り出して色を確かめる. 取り出した玉の色が赤であれば 1, 白であれば 0 となる変数を考え, 1 回目の変数を X, 2 回目の変数を Y とするとき, X, Y の同時確率分布表をかき, X, Y が互いに独立であるかを調べよ.

Q4.9　Q4.8 の (X, Y) についての同時確率分布表から, $X + Y$ の確率分布表を作り, 平均 $E[X + Y]$ を求めよ.

Q4.10　Q4.8 の確率変数 X, Y について, $E[XY]$ を求めよ.

Q4.11　1, 2, 3 の数字のかかれた 3 枚のカードから 2 枚を同時に取り出して, 2 枚のカードにかかれた数のうち小さいほうの数を X, 大きいほうの数を Y とするとき, $E[X + Y], E[XY]$ を求めよ.

Q4.12　大小 2 つのさいころを投げるとき, 確率変数 X, Y を次のように定める.

$$X = \begin{cases} 1 & (\text{大きいさいころの出た目が 1 または 6 のとき}) \\ 2 & (\text{大きいさいころの出た目が 2 または 5 のとき}) \\ 3 & (\text{大きいさいころの出た目が 3 または 4 のとき}) \end{cases}$$

$$Y = \begin{cases} 0 & (\text{小さいさいころの出た目が偶数のとき}) \\ 1 & (\text{小さいさいころの出た目が奇数のとき}) \end{cases}$$

このとき, $V[X + Y]$ の値を求めよ.

B

Q4.13　次の場合について, 確率変数 X の確率分布表をかき, 平均 $E[X]$ と分散 $V[X]$ を求めよ.　　　　　　**→ まとめ** 4.1, 4.4, 4.7, 4.8, Q4.1, Q4.3, Q4.6

(1) 大小 2 つのさいころを投げて, 大きいさいころの出た目の数を小さいさいころの出た目の数で割った余りを X とする

(2) 6 個のさいころを同時に投げて, 偶数の目が出たさいころの個数と, 奇数の目が出たさいころの個数の積を X とする

(3) さいころ 1 つと硬貨 1 枚を投げて, 硬貨が裏であればさいころの目の数の 2 倍が得点になり, 硬貨が表であればさいころの目の数の 3 倍が得点となるゲームをする. このゲームの得点を X とする

(4) 大小 2 つのさいころを投げて, 出た目の数の差の 2 乗を X とする

Q4.14 1 つのさいころを 2 回投げ, 1 回目に出た目が 1 のとき $X = 1$, 1 以外のとき $X = 2$ とする. また, 2 回目に出た目が 1 または 2 のとき $Y = 2$, 1, 2 以外のとき $Y = 3$ とする. このとき, (X, Y) の同時確率分布を求めよ.

Q4.15 次の確率変数 X, Y は互いに独立であるかどうかを調べよ.

(1) 1 つのさいころを 1 回投げ, 出る目が偶数のとき $X = 0$, 奇数のとき $X = 1$ とする. また, 出る目が 1 または 6 のとき $Y = 0$, その他のとき $Y = 1$ とする.

(2) (X, Y) の同時確率分布表は下の表である.

X＼Y	1	2	3	計
1	$\dfrac{1}{5}$	$\dfrac{3}{10}$	$\dfrac{1}{10}$	$\dfrac{3}{5}$
2	$\dfrac{2}{15}$	$\dfrac{1}{30}$	$\dfrac{7}{30}$	$\dfrac{2}{5}$
計	$\dfrac{1}{3}$	$\dfrac{1}{3}$	$\dfrac{1}{3}$	1

Q4.16 袋の中に, 赤玉が 4 個, 白玉が 2 個入っている. この袋の中から無作為に玉を 1 個取り出し, 取り出した玉を袋の中に戻さずに, 続けてもう 1 個の玉を袋の中から無作為に取り出す. 1 個目に取り出した玉が赤玉のとき $X = 0$, 白玉のとき $X = 1$ とする. また, 2 個目に取り出した玉が赤玉のとき $Y = 0$, 白玉のとき $Y = 1$ とする. このとき, $X + Y$ の確率分布表を作り, 平均 $E[X + Y]$ を求めよ.

Q4.17 連続型確率変数 X について, 次の等式が成り立つことを証明せよ.

→ **まとめ** 4.4, 4.7

$$V[X] = E[X^2] - (E[X])^2$$

ただし, X の確率密度関数を $f(x)$, X の平均を μ とせよ.

Q4.18 確率変数 X の確率密度関数 $f(x)$ が次のように与えられるとき, $E[X]$ と $V[X]$ を求めよ. → **まとめ** 4.4, 4.7, 4.8, Q4.4, Q4.7

(1) $f(x) = \begin{cases} \dfrac{3}{16}x^2 & (-2 \leq x \leq 2) \\ 0 & (それ以外) \end{cases}$

(2) $f(x) = \begin{cases} \dfrac{1}{10} & (0 \leq x \leq 10) \\ 0 & (それ以外) \end{cases}$

(3) $f(x) = \begin{cases} e^{-x} & (x \geq 0) \\ 0 & (x < 0) \end{cases}$

Q4.19　a を正の定数とする．確率変数 X の確率密度関数が

$$f(x) = \begin{cases} \dfrac{a}{2}(x+2) & (-2 \leqq x \leqq 0) \\[2mm] -\dfrac{a}{2}(x-2) & (0 \leqq x \leqq 2) \\[2mm] 0 & (それ以外) \end{cases}$$

で与えられるとき，次のものを求めよ． → **まとめ 4.2, Q4.2**

(1) a の値　　　　　　　　　　　(2) $P(1 \leqq X \leqq 2)$

例題 4.1

連続型確率変数 X の確率密度関数を $f(x)$ とするとき，

$$F(x) = P(X \leqq x) = \int_{-\infty}^{x} f(t)\,dt$$

で定められる関数 $F(x)$ を X の **累積分布関数** という．これについて，次のことを証明せよ．

(1) $F(x)$ は単調増加である．　　　(2) $\displaystyle \lim_{x \to \infty} F(x) = 1$ が成り立つ．

(3) $\dfrac{d}{dx} F(x) = f(x)$ が成り立つ．

証明　(1) $x_1 < x_2$ ならば，

$$F(x_1) = \int_{-\infty}^{x_1} f(x)\,dx$$

$$\leqq \int_{-\infty}^{x_1} f(x)\,dx + \int_{x_1}^{x_2} f(x)\,dx = \int_{-\infty}^{x_2} f(x)\,dx = F(x_2)$$

である．したがって，$F(x)$ は単調増加である．

(2) $\displaystyle \lim_{x \to \infty} F(x) = \int_{-\infty}^{\infty} f(x)\,dx = 1$

(3) 微分積分学の基本定理から，

$$\frac{d}{dx} F(x) = \frac{d}{dx} \int_{-\infty}^{x} f(t)\,dt = f(x)$$

証明終

Q4.20 連続型確率変数 X の確率密度関数が

$$f(x) = \begin{cases} \dfrac{1}{2} & (0 \leqq x < 1 \text{ または } 2 \leqq x < 3) \\ 0 & (\text{それ以外}) \end{cases}$$

であるとき，X の累積分布関数 $F(x)$ を求めよ.

Q4.21 確率変数 X の累積分布関数が

$$F(x) = \begin{cases} 1 - e^{-2x} & (x \geqq 0) \\ 0 & (\text{それ以外}) \end{cases}$$

であるとき，次のものを求めよ.

(1) $P(1 \leqq X \leqq 2)$ (2) X の確率密度関数   (3) $E[X]$

Q4.22 m と n を自然数とする．100 円硬貨 m 枚と 10 円硬貨 n 枚を同時に投げるとき，表が出た 100 円硬貨と 10 円硬貨の枚数をそれぞれ X, Y とする．また，表が出た硬貨の合計金額を Z とする．このとき，次の問いに答えよ．   **→ まとめ 4.12**

(1) Z を X と Y で表せ.   (2) $E[X]$ と $E[Y]$ の値を求めよ.

(3) $E[Z]$ を求めよ.

- -

Q4.23 大量生産されている 2 種類の板 A, B がある．板 A の厚さは平均 $1.70\,\text{mm}$,標準偏差 $0.030\,\text{mm}$ であり，板 B の厚さは平均 $4.50\,\text{mm}$,標準偏差 $0.050\,\text{mm}$ であるという．次の問いに答えよ．ただし，平均は小数第 2 位まで求め，標準偏差は小数第 4 位を四捨五入せよ．   **→ まとめ 4.14**

(1) 大量の板 A の中から無作為に 5 枚選ぶとき，これらを重ねてできる板の厚さの平均と標準偏差を求めよ.

(2) 大量の板 A の中から無作為に 1 枚，大量の板 B の中から無作為に 1 枚選ぶとき，これらを重ねてできる板の厚さの平均と標準偏差を求めよ.

Q4.24 確率変数 X, Y の共分散を

$$c_{xy} = E[(X - E[X])(Y - E[Y])]$$

で定めるとき，次の等式が成り立つことを証明せよ.   **→ まとめ 4.11**

$$c_{xy} = E[XY] - E[X]E[Y]$$

例題 4.2

確率変数 X の平均と標準偏差をそれぞれ μ_x, s_x とし，確率変数 Y の平均と標準偏差をそれぞれ μ_y, s_y とする．$s_x > 0, s_y > 0$ であるとき，X, Y の**相関係数**を

$$r_{xy} = \frac{c_{xy}}{s_x \cdot s_y}$$

と定める．このとき，次の問いに答えよ．

(1) 次の等式が成り立つことを証明せよ．

$$E\left[\left(\frac{X - \mu_x}{s_x} \pm \frac{Y - \mu_y}{s_y}\right)^2\right] = 2\left(1 \pm r_{xy}\right) \quad \text{(複号同順)}$$

(2) 不等式 $-1 \leqq r_{xy} \leqq 1$ が成り立つことを証明せよ．

証明　(1) 複号同順として，

$$
\begin{aligned}
& E\left[\left(\frac{X - \mu_x}{s_x} \pm \frac{Y - \mu_y}{s_y}\right)^2\right] \\
&= E\left[\frac{(X - \mu_x)^2}{s_x{}^2} \pm 2\frac{X - \mu_x}{s_x} \cdot \frac{Y - \mu_y}{s_y} + \frac{(Y - \mu_y)^2}{s_y{}^2}\right] \\
&= \frac{E[(X - \mu_x)^2]}{s_x{}^2} \pm 2\frac{E[(X - \mu_x)(Y - \mu_y)]}{s_x \cdot s_y} + \frac{E[(Y - \mu_y)^2]}{s_y{}^2} \\
&= 1 \pm 2r_{xy} + 1 = 2(1 \pm r_{xy})
\end{aligned}
$$

(2) (1) の結果から，

$$1 \pm r_{xy} = \frac{1}{2}E\left[\left(\frac{X - \mu_x}{s_x} \pm \frac{Y - \mu_y}{s_y}\right)^2\right] \geqq 0$$

である．よって，$-1 \leqq r_{xy} \leqq 1$ が成り立つ．　**証明終**

Q4.25　確率変数 X, Y の標準偏差をそれぞれ s_x, s_y とする．$s_x > 0, s_y > 0$ のとき，次のことを証明せよ．

(1) X と Y が互いに独立であれば，$r_{xy} = 0$ である．

(2) $Y = aX + b$ となる実数 $a > 0, b$ があれば，$r_{xy} = 1$ である．

(3) $Y = aX + b$ となる実数 $a < 0, b$ があれば，$r_{xy} = -1$ である．

Q4.26　当たりが 2 本，はずれが 2 本からなるくじがあり，A, B の 2 人が順に非復元抽出で 1 本ずつくじを引く．A の引いたくじが当たりのとき $X = 1$，はずれの

とき $X = 0$ とし，B の引いたくじが当たりのとき $Y = 1$，はずれのとき $Y = 0$ とする．このとき，相関係数 r_{xy} を求めよ．

例題 4.3

連続型確率変数 X, Y について，すべての実数 a, b, c, d について

$$P(a \leq X \leq b,\, c \leq Y \leq d) = \iint_{\mathrm{D}} f(x, y)\, dx dy,$$

$$\mathrm{D} = \{(x, y) | a \leq x \leq b,\, c \leq y \leq d\}$$

が成り立つような非負関数 $f(x, y)$ を (X, Y) の**同時確率密度関数**という．同時確率密度関数は等式 $\displaystyle\int_{-\infty}^{\infty} \int_{-\infty}^{\infty} f(x, y)\, dx dy = 1$ を満たす．このとき，

$$f_X(x) = \int_{-\infty}^{\infty} f(x, y)\, dy, \quad f_Y(y) = \int_{-\infty}^{\infty} f(x, y)\, dx$$

をそれぞれ，X, Y の**周辺確率密度関数**という．

$f_X(x),\, f_Y(y)$ をそれぞれ X, Y の周辺確率密度関数とするとき，すべての実数 a, b, c, d について

$$P(a \leq X \leq b) = \int_a^b f_X(x)\, dx, \quad P(c \leq Y \leq d) = \int_c^d f_Y(y)\, dy$$

が成り立つ．

k を正の数とするとき，関数

$$f(x, y) = \begin{cases} kx^2 y & (0 \leq x \leq 1,\, 0 \leq y \leq 1) \\ 0 & (\text{それ以外}) \end{cases}$$

について，次の問いに答えよ．

(1) $f(x, y)$ が (X, Y) の同時確率密度関数となるように，定数 k の値を定めよ．

(2) X の周辺確率密度関数 $f_X(x)$ を求めよ．

(3) $P\left(0 \leq X \leq \dfrac{1}{4}\right)$ を求めよ．

解 (1)

$$\int_0^1 \left\{ \int_0^1 kx^2 y\, dy \right\} dx = k \int_0^1 \left[\frac{1}{2} x^2 y^2 \right]_0^1 dx = k \int_0^1 \frac{1}{2} x^2\, dx = \left[\frac{1}{6} x^3 \right]_0^1 = \frac{1}{6}$$

である．確率密度関数の性質から，この積分は 1 に等しいので，$k = 6$ となる．

(2) $x < 0$ または $x > 1$ のときは $f(x, y) = 0$ であるから，$f_X(x) = \int_0^1 0 \, dy = 0$ である．$0 \leqq x \leqq 1$ のときは，

$$f_X(x) = \int_0^1 6x^2 y \, dy = 6x^2 \int_0^1 y \, dy = 6x^2 \left[\frac{1}{2} y^2\right]_0^1 = 3x^2$$

となる．したがって，求める周辺確率密度関数は

$$f_X(x) = \begin{cases} 3x^2 & (0 \leqq x \leqq 1) \\ 0 & （それ以外） \end{cases}$$

となる．

(3) $P\left(0 \leqq X \leqq \frac{1}{4}\right) = \int_0^{1/4} 3x^2 \, dx = \left[x^3\right]_0^{1/4} = \frac{1}{64}$

Q4.27　k を負の数とするとき，関数

$$f(x, y) = \begin{cases} e^{k(x+y)} & (x \geqq 0, \, y \geqq 0) \\ 0 & （それ以外） \end{cases}$$

について，次の問いに答えよ．
(1) $f(x, y)$ が (X, Y) の同時確率密度関数となるように，定数 k の値を定めよ．
(2) X の周辺確率密度関数 $f_Y(y)$ を求めよ．
(3) $P(Y \leqq 1)$ を求めよ．

5　いろいろな確率分布

5.1　二項分布　確率変数 X の確率分布が

$$P(X = k) = {}_n\mathrm{C}_k p^k (1-p)^{n-k} \quad (k = 0, 1, 2, \ldots, n)$$

であるとき，この確率分布を**二項分布**といい，$B(n, p)$ で表す．

5.2　二項分布の平均と分散　確率変数 X が二項分布 $B(n, p)$ に従うとき，次のことが成り立つ．

$$E[X] = np, \quad V[X] = np(1-p)$$

5.3　ポアソン分布　確率変数 X の確率分布が

$$P(X = k) = \frac{\lambda^k}{k!} e^{-\lambda} \quad (k = 0, 1, 2, \ldots)$$

であるとき，この確率分布を**ポアソン分布**といい，$P_o(\lambda)$ で表す.

5.4　ポアソン分布の平均と分散　確率変数 X がポアソン分布 $P_o(\lambda)$ に従うとき，次のことが成り立つ.

$$E[X] = \lambda, \quad V[X] = \lambda$$

5.5　正規分布　連続型確率変数 X の確率密度関数が，定数 μ と正の定数 σ を用いて

$$\Phi(x) = \frac{1}{\sqrt{2\pi}\sigma} e^{-\frac{(x-\mu)^2}{2\sigma^2}}$$

で表されるとき，この確率分布を**正規分布**といい，$N(\mu, \sigma^2)$ で表す. とくに，$\mu = 0, \sigma^2 = 1$ である正規分布 $N(0, 1)$ を**標準正規分布**という.

5.6　正規分布の平均と分散　確率変数 X が正規分布 $N(\mu, \sigma^2)$ に従うとき，次のことが成り立つ.

(1) $E[X] = \mu$　　　　　　　　　　　(2) $V[X] = \sigma^2$

5.7　標準正規分布の α 点　$0 < \alpha < 1$ を満たす α と標準正規分布に従う確率変数 Z に関して，

$$P(Z \geqq z(\alpha)) = \alpha$$

を満たす値 $z(\alpha)$ を標準正規分布の**上側 α 点**または **100α ％ 点**という. $z(\alpha)$ の値は標準正規分布の**逆分布表**（付表 2）を用いて求めることができる.

5.8　正規分布の標準化　確率変数 X が正規分布 $N(\mu, \sigma^2)$ に従うとき，$Z = \dfrac{X - \mu}{\sigma}$ は標準正規分布に従う. 変数変換 $Z = \dfrac{X - \mu}{\sigma}$ を X の**標準化**という.

$x_1 < x_2$ に対して，$z_1 = \dfrac{x_1 - \mu}{\sigma}, z_2 = \dfrac{x_2 - \mu}{\sigma}$ とすれば，次の式が成り立つ.

$$P(x_1 \leqq X \leqq x_2) = P(z_1 \leqq Z \leqq z_2)$$

> ### 5.9 二項分布と正規分布
> 確率変数 X が二項分布 $B(n, p)$ に従うとき，十分大きな自然数 n に対して，確率変数 $Z = \dfrac{X - np}{\sqrt{np(1-p)}}$ は近似的に標準正規分布 $N(0,1)$ に従い，次の近似式が成り立つ．
>
> $$P(x_1 \leq X \leq x_2) \fallingdotseq P\left(\frac{x_1 - 0.5 - np}{\sqrt{np(1-p)}} \leq Z \leq \frac{x_2 + 0.5 - np}{\sqrt{np(1-p)}}\right)$$

A

Q5.1 18 本のうち 5 本の当たりが入っているくじにおいて，復元抽出で 4 回くじを引くとき，当たりくじが出る回数を X とする．X の確率分布を求めよ．また，X の平均 $E[X]$ と分散 $V[X]$ を求めよ．

Q5.2 ある家に 1 日にかかってくる電話の件数を X とする．X はポアソン分布 $P_o(1.5)$ に従うものとして，次の確率を求めよ．値は小数第 5 位を四捨五入せよ．
(1) 1 日にかかってくる電話の件数が 0 である確率
(2) 1 日にかかってくる電話の件数が 1 件である確率
(3) 1 日にかかってくる電話の件数が 3 件以上である確率

Q5.3 確率変数 Z が標準正規分布 $N(0,1)$ に従うとき，標準正規分布表（付表 1）を用いて次の確率を求めよ．
(1) $P(0.62 \leq Z \leq 1.53)$　　(2) $P(-1.42 \leq Z \leq 1.81)$
(3) $P(Z \leq -1.24)$　　(4) $P(Z \leq 2.07)$

Q5.4 確率変数 Z が標準正規分布 $N(0,1)$ に従うとき，次の式を満たす z_1, z_2 の値を求めよ．ただし，(1) は標準正規分布表を，(2) は逆分布表（付表 2）を用いよ．
(1) $P(0 \leq Z \leq z_1) = 0.4761$　　(2) $P(Z \geq z_2) = 0.021$

Q5.5 次の値を，標準正規分布の逆分布表から求めよ．
(1) $z(0.007)$　　(2) $z(0.356)$　　(3) $z(0.846)$

Q5.6 確率変数 X が正規分布 $N(10, 2^2)$ に従うとき，標準正規分布表を用いて次の確率を求めよ．
(1) $P(5 \leq X \leq 10)$　　(2) $P(5 \leq X \leq 8)$　　(3) $P(X \leq 12)$

Q5.7 確率変数 X が正規分布 $N(\mu, \sigma^2)$ に従うとき，次の等式を満たす λ の値を，逆分布表を用いて求めよ．
(1) $P(\mu - \lambda\sigma \leq X \leq \mu + \lambda\sigma) = 0.75$　　(2) $P(\mu - \lambda\sigma \leq X \leq \mu + \lambda\sigma) = 0.33$

Q5.8　ある試験を 500 人の受験者が受けた．100 点満点で，平均点が 60 点，標準偏差が 10 点であった．得点 X の分布が正規分布 $N(60, 10^2)$ に従うものとして，次の問いに答えよ．

(1) 得点が 75 点の受験者は上から何番目と考えられるか．

(2) 上から 150 番目の受験者の得点はおよそ何点と考えられるか．

Q5.9　1 個のさいころを 288 回投げるとき，1 または 6 の目が出る回数が 92 以上 100 以下である確率の近似値を，正規分布を用いて求めよ．値は小数第 3 位を四捨五入せよ．

B

Q5.10　1 個のさいころを 60 回投げて出た目の数の平均を $\overline{X}$ とするとき，$\overline{X}$ の平均 $E[\overline{X}]$ と分散 $V[\overline{X}]$ を求めよ．　　　　　　**→ まとめ 4.12, 4.13**

Q5.11　日本人の赤ちゃんで，男の子が生まれる確率はおよそ $p = 0.513$ といわれている．生徒数が $n = 400$ である中学校で，男子生徒の数が 195 人以上 205 人以下である確率を，正規分布による近似を使って求めよ．ただし，$np \fallingdotseq 205.2$，$\sqrt{p(1-p)} \fallingdotseq 0.500$ として計算すること．

Q5.12　ポアソン分布を用いて，次の確率の近似値を求めよ．値は小数第 5 位を四捨五入せよ．　　　　　　**→ まとめ 5.3, 5.4, Q5.2**

(1) ある機械から生産される製品には，0.2% の割合で不良品がある．この製品を箱に 100 個詰めるとき，この箱の中に不良品が 1 個以上入る確率

(2) ある予防接種によって副作用を起こす確率は 0.1% であるとする．800 人の人にこの予防接種をするとき，2 人以上が副作用を起こす確率

例題 5.1

X, Y が整数値をとる離散型の確率変数であるとき，確率変数 $Z = X + Y$ の確率分布について，次の問いに答えよ．

(1) 任意の整数 z について，次の等式が成り立つことを証明せよ．

$$P(Z = z) = \sum_{i=-\infty}^{\infty} P(X = i, Y = z - i)$$

$$= \sum_{j=-\infty}^{\infty} P(X = z - j, Y = j)$$

(2) X と Y が独立であるとき，任意の整数 z について，次の等式が成り立つことを証明せよ．

$$P(Z = z) = \sum_{i=-\infty}^{\infty} P(X = i) \cdot P(Y = z - i)$$

$$= \sum_{j=-\infty}^{\infty} P(X = z - j) \cdot P(Y = j)$$

証明　(1) 与えられた整数 z に対し，$X + Y = z$ となるすべての組 (X, Y) の集合は

$$\{(i, z - i) \mid i = \dots, -3, -2, -1, 0, 1, 2, 3, \dots\}$$

であることから，1つ目の等式

$$P(Z = z) = \sum_{i=-\infty}^{\infty} P(X = i, Y = z - i)$$

が成り立つことがわかる．2つ目の等式も同様である．

(2) X と Y が独立ならば，

$$P(X = i, Y = z - i) = P(X = i) \cdot P(Y = z - i)$$

$$P(X = z - j, Y = j) = P(X = z - j) \cdot P(Y = j)$$

である．このことを (1) の結果にあてはめればよい．　　　証明終

Q5.13　確率変数 X, Y が独立で，それぞれポアソン分布 $P_o(\lambda)$, $P_o(\mu)$ に従うものとする．確率変数 $Z = X + Y$ について，次の問いに答えよ．

(1) Z の確率分布を求めよ．　　　　(2) Z が従う確率分布を答えよ．

Q5.14　次の問いに答えよ．

(1) m, n が正の整数で，r が不等式 $0 \leqq r \leqq m + n$ を満たす整数であるとする．$(x + 1)^m (x + 1)^n = (x + 1)^{m+n}$ の両辺の x^r の項の係数を比べることによって，次の等式が成り立つことを証明せよ．ただし，正の整数 p と整数 q について，$p < q$ のときと $q < 0$ のときは ${}_p\mathrm{C}_q = 0$ と定める．

$$\sum_{k=0}^{r} {}_m\mathrm{C}_k \cdot {}_n\mathrm{C}_{r-k} = {}_{m+n}\mathrm{C}_r$$

(2) 確率変数 X, Y が独立で，それぞれ二項分布 $B(m, p)$, $B(n, p)$ に従うとき，確率変数 $Z = X + Y$ は確率分布 $B(m + n, p)$ に従うことを証明せよ．

Q5.15 確率変数 X が正規分布 $N(4, 2^2)$ に従うとき，次の等式を満たす λ の値を求めよ． → **まとめ** 5.5, 5.8, Q5.6, Q5.7

(1) $P(X \leqq \lambda) = 0.06$ 　　　　　　(2) $P(|X - 4| \geqq \lambda) = 0.02$

Q5.16 正規分布を用いて，次の問いに答えよ． → **まとめ** 5.9, Q5.9

(1) 1 枚の硬貨を 100 回投げ，表の出る回数を X とするとき，$P(X \geqq n) \leqq 0.03$ となる最小の自然数 n を求めよ．

(2) 1 個のさいころを 162 回投げ，5 以上の目が出る回数を X とするとき，$P(X \leqq n) \leqq 0.05$ となる最大の自然数 n を求めよ．

例題 5.2

連続型の確率変数 X, Y について，(X, Y) の同時確率密度関数を $f(x, y)$ とする．また，X, Y の周辺確率密度関数をそれぞれ $f_X(x), f_Y(y)$ とする．このとき，確率変数 $Z = X + Y$ の確率分布について，次の問いに答えよ．

(1) Z の確率密度関数が $f_Z(z) = \displaystyle\int_{-\infty}^{\infty} f(x, z - x)\,dx$ であることを証明せよ．ただし，次の等式が成り立つことは使ってよい．

$$\frac{d}{dz}\int_{-\infty}^{\infty}\left\{\int_{-\infty}^{z} f(x, y)\,dy\right\}dx = \int_{-\infty}^{\infty}\left\{\frac{\partial}{\partial z}\int_{-\infty}^{z} f(x, y)\,dy\right\}dx$$

(2) X と Y が独立であるとき，$f(x, y) = f_X(x)f_Y(y)$ が成り立つことが知られている．このことを使って，X と Y が独立であるとき，Z の確率密度関数が $f_Z(z) = \displaystyle\int_{-\infty}^{\infty} f_X(x)f_Y(z - x)\,dx$ であることを証明せよ．

- -

解 (1) Z の累積分布関数は，

$$F_Z(z) = P(Z \leqq z) = \iint_{x+y \leqq z} f(x, y)\,dxdy = \int_{-\infty}^{\infty}\left\{\int_{-\infty}^{z-x} f(x, y)\,dy\right\}dx$$

であるから，Z の確率密度関数は

$$f_Z(z) = \frac{d}{dz}\int_{-\infty}^{\infty}\left\{\int_{-\infty}^{z-x} f(x, y)\,dy\right\}dx = \int_{-\infty}^{\infty}\left\{\frac{\partial}{\partial z}\int_{-\infty}^{z-x} f(x, y)\,dy\right\}dx$$

となる．微分積分学の基本定理から，$\dfrac{\partial}{\partial z}\displaystyle\int_{-\infty}^{z-x} f(x, y)\,dy = f(x, z - x)$ が成り立つので，$f_Z(z) = \displaystyle\int_{-\infty}^{\infty} f(x, z - x)\,dx$ となる．

(2) X と Y が独立であるとき，$f(x, y) = f_X(x)f_Y(y)$ であるから，(1) の結果を使って，

$$f_Z(z) = \int_{-\infty}^{\infty} f(x, z-x)\, dx = \int_{-\infty}^{\infty} f_X(x) f_Y(z-x)\, dx$$

となる.

Q5.17 次の問いに答えよ.

(1) $\dfrac{1}{\sqrt{2\pi}} \displaystyle\int_{-\infty}^{\infty} e^{-\frac{t^2}{2}}\, dt = 1$ であることを使って, 広義積分 $\displaystyle\int_{-\infty}^{\infty} e^{-t^2}\, dt$ の値を求めよ.

(2) 確率変数 X, Y が独立で, どちらも標準正規分布 $N(0, 1)$ に従うとき, 確率変数 $Z = X + Y$ の確率密度関数を求めよ.

C

Q1 3 台の CPU（中央処理装置）からなる多重プロセッサコンピュータがある. それぞれの CPU が故障しない確率（信頼度）は 0.8 であり, 故障した場合に保全は行わないものとする. システムの他の部分には故障は発生しないものとするとき, 以下の問いに答えよ. 　　　　　　　　　　　　　　　　　　　　　　　　　　　　　　　（岐阜大学）

(1) 3 台の CPU のうち少なくとも 1 台の CPU が正常に動作していればよい場合, このシステムの信頼度（運用できる確率）を求めよ.

(2) システムを最大能力で運用するために, 3 台の CPU がすべて正常に動作していなければならない場合, このシステムの信頼度を求めよ.

(3) システムを実用的に運用するために, 少なくとも 2 台の CPU が正常に動作していなければならない（2 台以上が同時に故障しているときは, このシステムは使用不能である）場合, このシステムの信頼度を求めよ.

Q2 1 から 10 までの数字が書かれたカードが 1 枚ずつ入っている袋から, 無作為に 1 枚ずつカードを取り出す. 以下の問いに既約分数で答えよ. 　　（豊橋技術科学大学）

(1) カードを取り出すたびに袋に戻す場合, 2 回取り出したときの数字の和が 11 以上である確率を求めよ.

(2) カードを取り出すたびに袋に戻す場合, 3 回取り出したときの数字の和が 28 以上である確率を求めよ.

(3) カードを袋に戻さない場合, 2 回取り出したときの数字の和が 11 以上である

〈point〉　**Q1**　3 台の CPU について, それぞれが故障する事象は独立であるとして計算をする.
　　　　　　　　　　　　　　　　　　　　　　　　　　　　　　　　　　　→ まとめ 3.8

　　　　　Q2　復元抽出と非復元抽出の違いに注意して場合の数を調べる.　　→ まとめ 3.3, 3.7

確率を求めよ.

Q3 3 個のサイコロを同時に投げる. 以下の問いに答えよ. （豊橋技術科学大学）

(1) 3 個のサイコロの目の数が 1, 2, 3 のいずれかであり, かつ互いに異なっている確率を求め, 既約分数で答えよ.

(2) 3 個のうち, 少なくとも 2 個のサイコロの目の数が同じである確率を求め, 既約分数で答えよ.

(3) 3 個のサイコロの目の数の和が 6 以上である確率を求め, 既約分数で答えよ.

(4) 3 個のサイコロの目の数の和の期待値を求めよ.

Q4 n を正の整数とし, 1 つのさいころを n 回投げるとき, 次の問いに答えよ.

（類題：九州大学）

(1) 出た目の数の総和が $n+1$ 以下である確率を求めよ.

(2) n 回とも同じ目が出たときに $100n$ 円, $n-1$ 回同じ目が出て 1 回だけそれとは異なる目が出たときに $50n$ 円の賞金がもらえるとき, 賞金の期待値を求めよ.

Q5 正しく作られたサイコロを用いて, "3 の倍数が出るまでサイコロを振り続ける" というゲームを行う. このとき以下の問題に答えなさい. （筑波大学）

(1) ちょうど n 回目に 3 の倍数が出る確率を P_n と表す. このとき, 以下の極限値を求めなさい.

$$\lim_{n\to\infty}\sum_{k=1}^{n} P_k$$

(2) 3 の倍数が出たときに 100 円もらえるとすると, このゲームによる獲得金額の期待値を求めなさい.

(3) 3 の倍数が出たときにもらえる金額を, 1 回目なら 100 円, 2 回目なら $100(1+r)$ 円, 3 回目なら $100(1+r)^2$ 円というように, サイコロを振る回数が増えるにしたがって $(1+r)$ 倍する. ただし, $r>0$ とする. このとき, このゲームによる獲得金額の期待値が有限な値になるためには, 正の数 r は, ある範囲内 $0<r<r_0$ にある必要がある. このような r_0 のうち, もっとも大きな値を求めなさい.

⟨point⟩　**Q3** (1), (2), (3) は 3 個のサイコロの目の出方について, 場合の数を調べる. (4) では期待値の性質 $E[X+Y]=E[X]+E[Y]$ を使う. → まとめ 3.3, 4.4

Q4 二項分布を用いる. → まとめ 4.4, 5.1, 5.2

Q5 等比級数 $\sum_{n=1}^{\infty} ar^{n-1}$ の和が収束するための必要十分条件は $|r|<1$ であり, このときの和は $\dfrac{a}{1-r}$ であることを使う. → まとめ 4.4

Q6　建設用の部材が工場 F_1, F_2, F_3 からそれぞれ 30%, 60%, 10% の割合で製作されているものとする．過去のデータから，各工場で不良品が発生する確率は 3%, 2%, 4% となった．これに基づき以下の問いに答えよ．　　　　　　（福井大学）

(1) 3 つの工場で不良品が発生する全体の確率を求めよ．

(2) 抽出した部材の 1 つが不良品だった場合，それが工場 F_1 で製作された確率を求めよ．

Q7　大小 2 つのサイコロを投げて出た目をそれぞれ a, b とし，行列 $A = \begin{pmatrix} 3 & a \\ b & 4 \end{pmatrix}$ を作る．以下の問いに答えなさい．　　　　　　（長岡技術科学大学）

(1) A が対称行列になる確率を求めなさい．

(2) A が正則行列になる確率を求めなさい．

(3) 行列式 $|A|$ の期待値を求めなさい．

Q8　ある人の電話の通話時間 x [分] とその頻度確率との関係（確率分布）が

$$f(x) = \frac{1}{5} e^{-\frac{1}{5}x} \quad (x > 0, \ e \text{ は自然対数の底})$$

で表されるものとするとき，次の (1)〜(4) の問いに答えなさい．　　　　　　（三重大学）

(1) $\displaystyle\int_0^\infty f(x)\,dx$ の値を求めなさい．

(2) 通話時間が 10 分である（ちょうど 10 分後に通話が終了する）確率を求めなさい．

(3) 通話時間が 10 分以内に終了する確率を求めなさい．

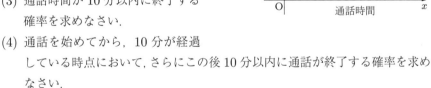

(4) 通話を始めてから，10 分が経過している時点において, さらにこの後 10 分以内に通話が終了する確率を求めなさい．

⟨point⟩　**Q6**　(2) は (1) の結果とベイズの定理を使う．　　　　→ まとめ 3.9, Q3.12〜Q3.14

　　　　Q7　A が対称行列であるための必要十分条件は ${}^tA = A$ が成り立つことであり, A が正則であるための必要十分条件は $|A| \neq 0$ であることを使う．(3) では，確率変数 X, Y が独立のとき, $E[XY] = E[X]E[Y]$ であることに注意する．　　　　→ まとめ 3.3, 4.4, 4.12

　　　　Q8　(4) は条件付き確率を求める．　　　　→ まとめ 3.5, 4.2

Q9 X と Y は互いに独立な確率変数であり，どちらも次の確率密度関数をもつとする．

$$f(t) = \begin{cases} 1 & (0 \leq t \leq 1) \\ 0 & (\text{それ以外}) \end{cases}$$

次の問いに答えよ． （類題：大阪大学）

(1) $X > Y$ である確率を求めよ．

(2) $Z = \min\{X, Y\}$ の確率密度関数 f_Z を求めよ．ただし，$\min\{X, Y\}$ は X, Y のうち大きくないほうを表す．

(3) $W = \max\{X, Y\}$ の確率密度関数 f_W を求めよ．ただし，$\max\{X, Y\}$ は X, Y のうち小さくないほうを表す．

Q10 X と Y が独立で，どちらも $(0, 1)$ 上の一様分布に従うとする．このとき，確率変数 $Z = X + Y$ について，次の問いに答えよ． （京都大学）

(1) (X, Y) の同時確率密度関数 $f_{X,Y}(x, y)$ を求めよ．

(2) Z の確率密度関数 $f_Z(z)$ を求めよ．

Q11 3 つの点 A, B, C を移動する粒子があり，点 X にある粒子が点 Y に移動する確率 $P(X \to Y)$ は次のように与えられているとする．

$$P(A \to A) = 0, \quad P(A \to B) = \frac{2}{3}, \quad P(A \to C) = \frac{1}{3},$$

$$P(B \to A) = \frac{1}{3}, \quad P(B \to B) = \frac{1}{3}, \quad P(B \to C) = \frac{1}{3},$$

$$P(C \to A) = 0, \quad P(C \to B) = 0, \quad P(C \to C) = 1$$

はじめに点 A にあった粒子が，ちょうど n 回の移動ではじめて点 C に到達する確率を p_n とするとき，次の問いに答えよ．ただし，$n \geq 1$ とする． （京都大学）

(1) p_1, p_2 を求めよ．

(2) $n \geq 1$ のとき，p_n を求めよ．

〈point〉 **Q9** (1) は領域 $0 \leq x \leq 1$, $0 \leq y \leq x$ 上で $f(x, y)$ を 2 重積分する．(2) と (3) は累積分布関数を利用する． → 例題 5.2

Q10 例題 5.2 の結果を使う．

Q11 n 回目の移動後に粒子が点 A, B にある確率をそれぞれ a_n, b_n とすると，$p_n = a_{n-1} \cdot \frac{1}{3}$ $+ b_{n-1} \cdot \frac{1}{3}$ となる． → まとめ 3.6

Q12 A と B の二人で以下のゲームを行う．プレイごとに，A と B のどちらか一方が 1 点を獲得するものとし，A が 1 点を獲得する確率を p とする．このプレイを繰り返し，

- A の点が B の点を 2 点上回ったとき，A の勝利，
- B の点が A の点を 2 点上回ったとき，B の勝利，

とする．

　A が i 点，B が j 点を獲得しているときに，A がゲームに勝利する確率を $S(i, j)$ とする．たとえば，$S(1, 1)$ は，A, B がそれぞれ 1 点獲得しているときに，A がゲームに勝利する確率である．また，$S(2, 0) = 1$ であり，$S(0, 2) = 0$ である．このとき，次の問いに答えよ．ただし，すべての自然数 n に対して，$S(n, n) = S(0, 0)$ であることを証明せずに用いてよい．　　　　　（東京大学）

(1) $S(0, 0)$ と $S(1, 0)$ と $S(0, 1)$ が満たす関係式を求めよ．また，$S(1, 0)$ と $S(1, 1)$ が満たす関係式を求めよ．

(2) i, j を $|i - j| < 2$ を満たす非負整数とする．このとき，

$$S(i, j) = pS(i + 1, j) + (1 - p)S(i, j + 1) \qquad (*)$$

であることを示せ．

(3) 式 $(*)$ を利用して，$S(0, 0)$ の値を p を用いて表せ．

(4) $S(0, 1)$ の値を p を用いて表せ．

(5) $S(0, 1) = \dfrac{1}{2}$ となる p の値は，$\dfrac{3}{5} < p < \dfrac{2}{3}$ を満たすことを示せ．

⟨point⟩　**Q12**　(3) は (2) の等式 $(*)$ と $S(0, 0) = S(1, 1)$ を使う．(5) は p についての 3 次方程式に帰着させ，連続関数についての中間値の定理を使う．　　　　　　　　　　→ まとめ 3.6

例題 A

α, β が $\alpha = \beta = 0$ ではない実数の組のとき，数列 $\{a_n\}$ を，はじめの 2 項 a_0, a_1 と漸化式

$$a_n = \alpha a_{n-1} + \beta a_{n-2} \quad (n \geq 2) \qquad \cdots\cdots ①$$

によって定める．2 次方程式を

$$t^2 - \alpha t - \beta = 0 \qquad \cdots\cdots ②$$

とするとき，$\{a_n\}$ の一般項 a_n $(n \geq 0)$ が次のように与えられることを証明せよ．

(1) 2 次方程式②が異なる 2 つの実数解 λ, μ をもつとき，

$$a_n = \frac{1}{\lambda - \mu} \cdot \{\lambda^n(a_1 - \mu a_0) - \mu^n(a_1 - \lambda a_0)\}$$

(2) 2 次方程式②が 2 重解 λ をもつとき，

$$a_n = \lambda^{n-1}\{\lambda a_0 + n(a_1 - \lambda a_0)\}$$

証明　(1) 2 次方程式②の解と係数の関係から，$\alpha = \lambda + \mu$, $\beta = -\lambda\mu$ である．これを式①に代入して，

$$a_n = (\lambda + \mu)a_{n-1} - \lambda\mu a_{n-2} \qquad \cdots\cdots ③$$

となる．式③から，

$$a_n - \lambda a_{n-1} = \mu(a_{n-1} - \lambda a_{n-2})$$

$$a_n - \mu a_{n-1} = \lambda(a_{n-1} - \mu a_{n-2})$$

となる．これらから，数列 $\{a_n - \lambda a_{n-1}\}$ は初項が $a_1 - \lambda a_0$ で公比が μ の等比数列であり，数列 $\{a_n - \mu a_{n-1}\}$ は初項が $a_1 - \mu a_0$ で公比が λ の等比数列であることがわかる．よって，$n \geq 1$ のとき，

$$a_n - \lambda a_{n-1} = \mu^{n-1}(a_1 - \lambda a_0)$$

$$a_n - \mu a_{n-1} = \lambda^{n-1}(a_1 - \mu a_0)$$

である．この 2 つの等式で，n を $n+1$ に置き換え，下の式から上の式を引くことにより，

$$a_n = \frac{1}{\lambda - \mu} \cdot \{\lambda^n(a_1 - \mu a_0) - \mu^n(a_1 - \lambda a_0)\}$$

が得られる.

(2) 2 次方程式②の解と係数の関係から，$\alpha = 2\lambda$, $\beta = -\lambda^2$ である．これを式①に代入して，

$$a_n = 2\lambda a_{n-1} - \lambda^2 a_{n-2}$$

である．$\lambda \neq 0$ であるから，両辺を λ^n で割ることにより，

$$\frac{a_n}{\lambda^n} - \frac{a_{n-1}}{\lambda^{n-1}} = \frac{a_{n-1}}{\lambda^{n-1}} - \frac{a_{n-2}}{\lambda^{n-2}}$$

となる．数列 $\{b_n\}$ を $b_n = \dfrac{a_n}{\lambda^n}$ で定めると，

$$b_n - b_{n-1} = b_{n-1} - b_{n-2}$$

であるから，$n \geq 1$ について，

$$b_n - b_{n-1} = b_1 - b_0$$

が得られる．したがって，$\{b_n\}$ は，初項が $b_0 = a_0$ で公差が $b_1 - b_0$ の等差数列であるから，$n \geq 0$ のとき，

$$b_n = b_0 + n(b_1 - b_0)$$

であり，これから，

$$\frac{a_n}{\lambda^n} = a_0 + n\left(\frac{a_1}{\lambda} - a_0\right)$$

となる．よって，

$$a_n = \lambda^{n-1}\left\{\lambda a_0 + n(a_1 - \lambda a_0)\right\}$$

が得られる.　　　　　　　　　　　　　　　　　　　　　証明終

Q13 A君とB君はそれぞれコインを a 枚, b 枚もっている. 2人のコインの合計枚数を N $(N = a + b, N > 0)$ とする. 中を見ることができない箱の中に, $p : (1-p)$ の割合で赤いボールと白いボールが入っており, そこから1個のボールを取り出す. ただし, $0 < p < 1$ とする. 赤いボールが出たらA君がB君からコインを1枚受け取り, 白いボールが出たらA君がB君にコインを1枚渡す. コインの受け渡し後, 取り出したボールは元の箱の中に戻すものとする. この操作を繰り返し, A君, B君のどちらか一方のコインが無くなった時点で, 無くなったほうを負けとする. A君が a 枚コインをもっているときにA君が負ける確率を $R(a)$ とする. 以下の問いに答えよ. （東京大学）

(1) $R(0)$, $R(N)$ はそれぞれいくつか.

(2) A君が a 枚コインをもっているときに赤いボールを取り出せば, $R(a)$ であったA君が負ける確率が $R(a+1)$ となり, 白いボールを取り出せば $R(a-1)$ となる. このことから, $R(a)$ を $R(a+1)$, $R(a-1)$, p を用いて表せ. ただし, $0 < a < N$ とする.

(3) $R(0)$ として (1) で求めた値を利用し, さらに $R(1) = r_1$ とするとき, (2) で求めた関係式から $R(a)$ を求めよ.

(4) (1) で求めた $R(N)$ と (3) の結果を用いて $r_1(= R(1))$ を求めよ.

(5) a を変えずに $b \to \infty$ としたときの $R(a)$ を求めよ.

⟨point⟩　**Q13** (3)〜(5) では p の大きさについて場合分けして考える. $0 < r < 1$ のとき $\lim_{n \to \infty} r^n = 0$ であることを使う.

→ 例題A

3 推定と検定

6 標本分布

6.1 母集団と標本 統計上の調査や検査では，調査や検査の対象となる全体を**母集団**，母集団に属する個々の対象を母集団の**要素**といい，母集団に属するすべての要素の総数を**母集団の大きさ**という．母集団から取り出された要素の集合を**標本**，標本に属する要素の個数を**標本の大きさ**という．母集団から標本を取り出すことを**抽出**という．母集団に含まれるすべての要素を調べることを**全数調査**といい，母集団から標本を抽出して行う調査を**標本調査**という．母集団のどの要素も抽出される確率が等しい抽出方法を**無作為抽出**といい，無作為抽出された標本を**無作為標本**という．

6.2 母数 母集団について，ある変数 X の確率分布を**母集団分布**という．母集団での X の平均，分散，標準偏差をそれぞれ，**母平均**，**母分散**，**母標準偏差**といい，母集団で計算されたこれらの値を**母数**という．

6.3 よく用いられる統計量 母集団から無作為抽出された大きさ n の標本を $X_1, X_2, \ldots, X_n$ とする．これらの標本から計算して得られる平均や分散などの値を**統計量**という．統計量は確率変数であり，統計量が従う確率分布を**標本分布**という．よく用いられる統計量は次のとおりである．

(1) 標本平均 $\displaystyle \overline{X} = \frac{1}{n}\sum_{i=1}^{n} X_i = \frac{1}{n}(X_1 + X_2 + \cdots + X_n)$

(2) 標本分散 $\displaystyle S^2 = \frac{1}{n}\sum_{i=1}^{n}(X_i - \overline{X})^2$

(3) 標本標準偏差 $\displaystyle S = \sqrt{\frac{1}{n}\sum_{i=1}^{n}(X_i - \overline{X})^2}$

6.4 標本平均の平均と分散 母平均が μ，母分散が σ^2 である母集団から，大きさ n の標本 $X_1, X_2, \ldots, X_n$ を無作為抽出するとき，標本平均 $\overline{X}$ の平均と分散は次の式で与えられる．

$$E[\overline{X}] = \mu, \quad V[\overline{X}] = \frac{\sigma^2}{n}$$

n が大きくなるにしたがって，$\overline{X}$ の値が母平均 μ の近くにある確率は 1 に近づく．この性質を**大数の法則**という．

6.5 **不偏分散**　母分散が σ^2 である母集団から大きさ n の標本 $X_1, X_2, \ldots, X_n$ を無作為抽出したときの標本分散を S^2 とする．

$$U = \sqrt{\frac{n}{n-1}S^2} = \sqrt{\frac{1}{n-1}\sum_{i=1}^{n}(X_i - \overline{X})^2}$$

とおくと，

$$U^2 = \frac{n}{n-1}S^2, \quad E[U^2] = \sigma^2$$

が成り立つ．この U^2 を標本から得られる**不偏分散**という．

6.6 **正規分布の再生性**　確率変数 X_1, X_2 が互いに独立で，それぞれ正規分布 $N(\mu_1, \sigma_1^2), N(\mu_2, \sigma_2^2)$ に従うものとする．このとき，任意の定数 a_1, a_2 に対して，確率変数 $a_1 X_1 + a_2 X_2$ は正規分布 $N(a_1\mu_1 + a_2\mu_2, a_1^2\sigma_1^2 + a_2^2\sigma_2^2)$ に従う．

6.7 **正規母集団の標本平均**　正規分布 $N(\mu, \sigma^2)$ に従う母集団を**正規母集団** $N(\mu, \sigma^2)$ という．正規母集団 $N(\mu, \sigma^2)$ から抽出した大きさ n の無作為標本の標本平均 $\overline{X}$ は，正規分布 $N\left(\mu, \frac{\sigma^2}{n}\right)$ に従う．

$\overline{X}$ を標準化した確率変数 $Z = \dfrac{\overline{X} - \mu}{\sigma/\sqrt{n}}$ は，標準正規分布 $N(0,1)$ に従う．

6.8 **中心極限定理**　確率変数 $X_1, X_2, \ldots, X_n$ が互いに独立で，平均 μ，分散 σ^2 であるような同一の確率分布に従うものとする．n が十分に大きいとき，平均 $\overline{X} = \dfrac{1}{n}\sum_{i=1}^{n}X_i$ は，近似的に正規分布 $N\left(\mu, \frac{\sigma^2}{n}\right)$ に従う．

6.9 **大標本の標本平均**　平均 μ，分散 σ^2 の母集団から抽出した大きさ n の無作為標本の標本平均を $\overline{X}$ とする．$\overline{X}$ を標準化した確率変数 $Z = \dfrac{\overline{X} - \mu}{\sigma/\sqrt{n}}$ は，n が十分に大きいとき，近似的に標準正規分布 $N(0,1)$ に従う．

6.10 **大標本の標本比率**　母集団の各要素がある 1 つの特性をもつかもたないかのどちらかに分かれるとき，そのような母集団を**二項母集団**という．二項母集団

の中でこの特性をもつ要素の割合を**母比率**という．母比率 p の二項母集団から抽出した大きさ n の無作為標本の標本平均 $\overline{X} = \dfrac{1}{n}\displaystyle\sum_{i=1}^{n} X_i$ を**標本比率**といい，記号 $\widehat{P}$ で表す．n が十分に大きいとき，

$$Z = \frac{\widehat{P} - p}{\sqrt{p(1-p)/n}}$$

は，近似的に標準正規分布 $N(0,1)$ に従う．

6.11* χ^2 **分布**　n 個の確率変数 $Z_1, Z_2, \ldots, Z_n$ が互いに独立で，いずれも標準正規分布 $N(0,1)$ に従うとき，確率変数

$$X = {Z_1}^2 + {Z_2}^2 + \cdots + {Z_n}^2$$

が従う分布を，**自由度 n の χ^2 分布（カイ 2 乗分布）**という．自由度 n の χ^2 分布の確率密度関数 $f(x)$ は

$$f(x) = \begin{cases} \dfrac{1}{2^{\frac{n}{2}}\Gamma\left(\dfrac{n}{2}\right)} x^{\frac{n}{2}-1} e^{-\frac{x}{2}} & (x > 0) \\ 0 & (x \leq 0) \end{cases}$$

により定義される．$\Gamma(s)$ はガンマ関数とよばれる関数で，次の広義積分で表される．

$$\Gamma(s) = \int_0^\infty e^{-x} x^{s-1} dx \quad (s > 0)$$

確率変数 X が自由度 n の χ^2 分布に従うとき，

$$P(X \geq k) = \alpha$$

を満たす k の値を $\chi^2{}_n(\alpha)$ とかき，**χ^2 分布の（上側）α 点**または **100α % 点**という．

6.12 χ^2 **分布に従う統計量**　正規母集団 $N(\mu, \sigma^2)$ から抽出した大きさ n の無作為標本 $X_1, X_2, \ldots, X_n$ の標本平均を $\overline{X}$，標本分散を S^2，不偏分散を U^2 とするとき，

$$X = \sum_{i=1}^{n} \left(\frac{X_i - \overline{X}}{\sigma}\right)^2 = \frac{nS^2}{\sigma^2} = \frac{(n-1)U^2}{\sigma^2}$$

は自由度 $n-1$ の χ^2 分布に従う．

6.13 **t 分布** 確率変数 Z が標準正規分布 $N(0,1)$ に, 確率変数 X が自由度 n の χ^2 分布に従い, Z と X は互いに独立であるとする. このとき,

$$T = \frac{Z}{\sqrt{X/n}}$$

が従う分布を**自由度 n の t 分布**という. 自由度 n の t 分布の確率密度関数は

$$f(t) = \frac{1}{\sqrt{n\pi}} \cdot \frac{\Gamma\left(\dfrac{n+1}{2}\right)}{\Gamma\left(\dfrac{n}{2}\right)} \left(1 + \frac{t^2}{n}\right)^{-\frac{1}{2}(n+1)}$$

により定義される. α に対して,

$$P(|T| \geq k) = P(T \leq -k \text{ または } T \geq k) = \alpha$$

を満たす k の値を $t_n(\alpha)$ とかき, **t 分布の（両側）α 点または 100α% 点**という.

6.14 **t 分布に従う統計量** 正規母集団 $N(\mu, \sigma^2)$ から抽出した大きさ n の無作為標本の標本平均を $\overline{X}$, 不偏分散を U^2 とするとき,

$$T = \frac{\overline{X} - \mu}{U/\sqrt{n}}$$

は自由度 $n-1$ の t 分布に従う.

6.15* **F 分布** 確率変数 X_1, X_2 が互いに独立で, それぞれ自由度 m, n の χ^2 分布に従うとき, $F = \dfrac{X_1}{m} \bigg/ \dfrac{X_2}{n}$ が従う分布を**自由度 (m,n) の F 分布**という. 自由度 (m,n) の F 分布の確率密度関数は

$$f(x) = \begin{cases} \dfrac{\Gamma\left(\dfrac{m+n}{2}\right)}{\Gamma\left(\dfrac{m}{2}\right)\Gamma\left(\dfrac{n}{2}\right)} \left(\dfrac{m}{n}\right)^{\frac{m}{2}} \left(1 + \dfrac{m}{n}x\right)^{-\frac{m+n}{2}} x^{\frac{m}{2}-1} & (x > 0) \\ \\ 0 & (x \leq 0) \end{cases}$$

により定義される. α に対して $P(F \geq k) = \alpha$ を満たす k の値を $F_{m,n}(\alpha)$ とかき, **F 分布の（上側）α 点または 100α% 点**という.

$F = \dfrac{X_1}{m} \bigg/ \dfrac{X_2}{n}$ に対して $\tilde{F} = \dfrac{1}{F}$ は自由度 (n,m) の F 分布に従い, 次の等式が成り立つ.

$$F_{m,n}(\alpha) = \frac{1}{F_{n,m}(1-\alpha)}$$

━━━━ A ━━━━

Q6.1　硬貨を 4 枚同時に投げたとき，表の出る枚数を X とする．この試行を 10 回行ったときの標本平均を $\overline{X}$ とするとき，平均 $E[\overline{X}]$ と分散 $V[\overline{X}]$ を求めよ．

Q6.2　Q6.1 の反復試行における標本の標本分散を S^2，不偏分散を U^2 とするとき，$E[S^2]$，$E[U^2]$ を求めよ．

Q6.3　ある科目の前期の成績は正規分布 $N(64, 16^2)$ に従い，後期の成績は正規分布 $N(72, 12^2)$ に従い，これらは互いに独立であるとする．前期の成績を X_1，後期の成績を X_2 として年間の成績を $\overline{X} = \dfrac{X_1 + X_2}{2}$ で計算するとき，次の問いに答えよ．

(1) 年間の成績はどのような分布に従うか．

(2) 年間の成績が上位 20% 以内に入るためには，何点以上が必要と考えられるか．

Q6.4　正規母集団 $N(50, 20^2)$ から大きさ 10 の標本を無作為抽出するとき，標本平均 $\overline{X}$ が次の範囲にある確率を求めよ．

(1) $\overline{X} > 60$　　　　　　(2) $\overline{X} < 48$　　　　　　(3) $45 \leqq \overline{X} \leqq 55$

Q6.5　ある地域の男子中学生の 50 m 走の平均は 7.53 秒，標準偏差は 0.62 秒である．この地域から無作為に抽出した 60 名の男子中学生の 50 m 走の平均が 7.50 秒以下になる確率を求めよ．値は小数第 4 位を四捨五入せよ．

Q6.6　ある地域の小学 6 年生の近視の割合は 18% である．この地域の小学 6 年生から無作為に 36 人抽出してグループを作るとき，このグループの近視の割合の平均と標準偏差を求めよ．また，このグループの近視の割合が 20% を超える確率を求めよ．標準偏差と確率の値は，小数第 4 位を四捨五入せよ．

Q6.7　χ^2 分布表（付表 3）を用いて，次の値を求めよ．

(1) $\chi^2{}_5(0.05)$　　　(2) $\chi^2{}_{16}(0.01)$　　　(3) $\chi^2{}_{20}(0.975)$　　　(4) $\chi^2{}_8(0.95)$

Q6.8　X が自由度 12 の χ^2 分布に従うとき，次の確率を求めよ．

(1) $P(X \geqq 28.30)$　　　(2) $P(X < 5.226)$　　　(3) $P(3.571 < X < 26.22)$

Q6.9　正規母集団 $N(7, 4^2)$ から抽出した大きさ 10 の無作為標本の標本分散 S^2 について，$P(S^2 < k) = 0.9$ となる k の値を求めよ．値は小数第 3 位を四捨五入せよ．

Q6.10　t 分布表（付表 4）から，次の値を求めよ．

(1) $t_5(0.05)$　　　　　　(2) $t_{16}(0.1)$　　　　　　(3) $t_7(0.2)$

Q6.11 T が自由度 15 の t 分布に従うとき，次の確率を求めよ．

(1) $P(|T| < 2.602)$ (2) $P(T \leq -2.131)$

(3) $P(T < 1.341)$ (4) $P(1.753 < T < 2.947)$

B

Q6.12 大きさ n の標本の標本分散を S^2，不偏分散を U^2 とするとき，$S^2 \geq 0.99U^2$ となるようにするには，標本の大きさ n をどのように定めればよいか．

→ まとめ 6.5

Q6.13 ある学年（200 名）の定期試験の成績で，数学の成績は $N(60, 15^2)$ に従い，物理の成績は $N(50, 25^2)$ に従い，これらは互いに独立であるとする．この学年の学生を任意に選び，数学と物理の成績の平均を $\overline{X}$ とするとき，次の問いに答えよ．

→ まとめ 6.6, Q6.3

(1) $\overline{X}$ はどのような分布に従うか．

(2) $\overline{X} < 35$ である学生はおよそ何名いると考えられるか．

Q6.14 ある電機メーカーが製造する電球の寿命は，平均 40000 時間，標準偏差 1300 時間の正規分布に従うという．この電球を無作為に 12 個抽出したとき，これらの平均の寿命が 39000 時間に満たない確率を求めよ．

→ まとめ 6.7, Q6.4

Q6.15 ある工場では機械部品を製造しており，その部品の重さ $X[\text{g}]$ は正規分布 $N(\mu, \sigma^2)$ に従うとする．無作為に抽出した 10 個の部品の重さの平均を $\overline{X}$ とし，$P(|\overline{X} - \mu| \geq k\sigma) = 0.08$ であるとするとき，次の問いに答えよ．ただし，$k > 0$ とする．

→ まとめ 6.7

(1) k の値を求めよ．値は小数第 5 位を四捨五入せよ．

(2) 無作為に抽出した 20 個の部品の重さの平均を $\overline{Y}$ とするとき，(1) で得られた k の値に対して，$P(|\overline{Y} - \mu| \geq k\sigma)$ の値を求めよ．

Q6.16 確率変数 X, Y が互いに独立であるとき，次の確率を求めよ．ただし，(2) では，値は小数第 5 位を四捨五入せよ．

→ まとめ 6.6, 5.3

(1) X, Y がそれぞれ正規分布 $N(5, 1)$, $N(6, \sqrt{2}^2)$ に従うとき，$3X > 2Y$ である確率

(2) X, Y がそれぞれ標準正規分布 $N(0, 1)$ に従うとき，$|X| > 2$ または $|Y| > 2$ である確率

Q6.17 ある会社で製造している抵抗器の抵抗値は平均 $100.2\,\Omega$，標準偏差 $1.2\,\Omega$ である．この会社で製造された抵抗器を無作為に 100 個抽出したとき，その抵抗値

の平均が $100.0\,\Omega$ 以上 $100.5\,\Omega$ 以下である確率を求めよ.　　→ **まとめ** 6.9, Q6.5

Q6.18　さいころを 100 回投げたとき, 出る目の平均 $\overline{X}$ が $3.4 < \overline{X} < 3.6$ である確率を求めよ.　　→ **まとめ** 6.9, Q6.5

Q6.19　確率変数 X, Y が互いに独立で, それぞれ正規分布 $N(5, 3^2)$, 自由度 4 の χ^2 分布に従うとき, $\dfrac{2X - 10}{3\sqrt{Y}}$ はどのような確率分布に従うか.　　→ **まとめ** 5.8, 6.13

Q6.20　正規母集団 $N(7, 4^2)$ から無作為に 18 個の標本を抽出する. このときの標本分散 S^2 が 29.7 より大きくなる確率を求めよ.　　→ **まとめ** 6.12, Q6.9

Q6.21　ある正規母集団から無作為に 10 個の標本を抽出し, 標本分散 S^2 を計算することを繰り返し行ったところ, $S^2 > 30$ となる確率は 0.05 であった. このとき, 母分散を求めよ.　　→ **まとめ** 6.12

Q6.22* 　F 分布表 (付表 5) を用いて, 次の値を求めよ.

(1) $F_{9,7}(0.05)$　　　　　　　　(2) $F_{12,10}(0.025)$

例題 6.1* ―――――

確率変数 F が自由度 $(12, 9)$ の F 分布に従うとき, $F \leq \dfrac{1}{2.80}$ である確率を求めよ.

- -

解　確率変数 $\tilde{F} = \dfrac{1}{F}$ は自由度 $(9, 12)$ の F 分布に従うので, $P\left(F \leq \dfrac{1}{2.80}\right) = P(\tilde{F} \geq 2.80)$ である. $\alpha = 0.05$ の F 分布表から, 求める値は 0.05 となる.

Q6.23* 　次の確率を求めよ.

(1) 確率変数 F が自由度 $(15, 10)$ の F 分布に従うとき, $F \leq \dfrac{1}{2.54}$ である確率

(2) 確率変数 F が自由度 $(12, 20)$ の F 分布に従うとき, $F \leq \dfrac{1}{3.07}$ である確率

7　統計的推定

7.1　**点推定と不偏推定量**　母集団から標本調査によって得られた統計量の実際の値を**実現値**といい, 実現値から母数を推定することを**統計的推定**という. 母数を 1 つの値により推定することを**点推定**という. 推定のために用いられる統計量を**推定量**といい, 推定量の実現値を母数の**推定値**という. ある推定量の平均が母

数と一致するとき，この推定量は**不偏性**をもつといい，この推定量を母数の**不偏推定量**という．標本平均は母平均の不偏推定量であり，不偏分散 U^2 が母分散の不偏推定量である．

7.2　母平均と母分散の不偏推定値　母集団から無作為抽出された n 個の標本の実現値を $x_1, x_2, \ldots, x_n$ とするとき，次のことが成り立つ．

(1) 母平均の不偏推定値は，標本平均の実現値 $\overline{x} = \dfrac{1}{n} \displaystyle\sum_{i=1}^{n} x_i$ である．

(2) 母分散の不偏推定値は，不偏分散の実現値

$$u^2 = \frac{1}{n-1} \sum_{i=1}^{n} (x_i - \overline{x})^2 = \frac{n}{n-1} s^2$$

である．ただし，$s^2 = \overline{x^2} - \overline{x}^2$，$u \geqq 0$，$u = \sqrt{\dfrac{n}{n-1} s^2}$ である．

7.3　区間推定　母集団から標本 $X_1, X_2, \ldots, X_n$ を無作為抽出し，その実現値から得られる 2 つの値 t_1, t_2 と，1 より小さい正の数 α に対して，関係式

$$P(t_1 \leqq \theta \leqq t_2) = 1 - \alpha$$

を満たすとき，閉区間 $[t_1, t_2]$ を母数 θ の $100(1-\alpha)\%$ **信頼区間**という．$100(1-\alpha)\%$ を**信頼度**または**信頼係数**という．また，t_1 を**信頼下界**，t_2 を**信頼上界**といい，この 2 つの値を**信頼限界**という．

7.4　母平均の区間推定（母分散が既知の場合）　母分散 σ^2 が既知である正規母集団 $N(\mu, \sigma^2)$ から抽出した大きさ n の無作為標本の標本平均の実現値を $\overline{x}$ とするとき，母平均 μ の $100(1-\alpha)\%$ 信頼区間は次の式で与えられる．

$$\overline{x} - z\left(\frac{\alpha}{2}\right) \frac{\sigma}{\sqrt{n}} \leqq \mu \leqq \overline{x} + z\left(\frac{\alpha}{2}\right) \frac{\sigma}{\sqrt{n}}$$

95% の信頼区間では $z(0.025) = 1.960$ を，99% の信頼区間では $z(0.005) = 2.576$ を用いる．

7.5　母平均の区間推定（母分散が未知の場合）　母分散 σ^2 が未知である正規母集団 $N(\mu, \sigma^2)$ から抽出した大きさ n の無作為標本の標本平均と不偏分散の実現値をそれぞれ $\overline{x}$，u^2 とするとき，母平均 μ の $100(1-\alpha)\%$ 信頼区間は次の式で与えられる．

$$\overline{x} - t_{n-1}(\alpha) \frac{u}{\sqrt{n}} \leqq \mu \leqq \overline{x} + t_{n-1}(\alpha) \frac{u}{\sqrt{n}}$$

7.6 母比率の区間推定 二項母集団から抽出した大きさ n の無作為標本の標本比率の実現率を $\hat{p}$ とする．n が十分大きいとき，母比率 p の $100(1-\alpha)\%$ 信頼区間は次の式で与えられる．

$$\hat{p} - z\left(\frac{\alpha}{2}\right)\sqrt{\frac{\hat{p}(1-\hat{p})}{n}} \leqq p \leqq \hat{p} + z\left(\frac{\alpha}{2}\right)\sqrt{\frac{\hat{p}(1-\hat{p})}{n}}$$

7.7 母分散の区間推定 正規母集団 $N(\mu,\sigma^2)$ から無作為に抽出した大きさ n の標本の不偏分散の実現値を u^2 とすると，母分散 σ^2 の $100(1-\alpha)\%$ 信頼区間は次の式で与えられる．

$$\frac{(n-1)u^2}{\chi^2_{n-1}\left(\frac{\alpha}{2}\right)} \leqq \sigma^2 \leqq \frac{(n-1)u^2}{\chi^2_{n-1}\left(1-\frac{\alpha}{2}\right)}$$

A

Q7.1 ある工場で生産される製品を無作為に 10 個選んでその重さ [kg] を量ったところ，次の標本が得られた．これらから，この工場で生産される全製品の重さの平均 μ および分散 σ^2 を，不偏推定量により点推定せよ．平均，分散の値は，それぞれ小数第 4 位，小数第 6 位を四捨五入せよ．

7.025 7.021 7.034 7.050 7.038 7.044 7.009 7.012 7.027 7.032

Q7.2 ある工場で作られるボールの直径の標準偏差は 1 mm であることがわかっている．これらの中から 20 個を無作為に選んで直径を測定したときの平均が 100 mm であったとする．ボールの直径は正規分布に従うと考えられるとき，次の問いに答えよ．
(1) ボールの直径の母平均の 95% 信頼区間を求めよ．信頼限界は小数第 1 位まで求めよ．
(2) ボールの直径の母平均の 99% 信頼区間の幅を 0.5 mm 以下にするには，何個以上のボールを抽出すれば十分かを答えよ．

Q7.3 ある学校の 15 歳男子の平均体重を調べるため 9 人を無作為に標本抽出したところ，標本平均は 62.1kg，標本分散は 88 であった．過去のデータから，15 歳男子の体重の分布は正規分布に従うと考えられるが，体重の母分散はわからない．このとき，この学校の 15 歳男子の平均体重の 95% 信頼区間を求めよ．信頼限界は小数第 1 位まで求めよ．

［注意］信頼区間を求める際には，信頼性を確保するため，信頼下界は切り捨て，信頼上界は切り上げて，信頼区間を広めにとることとする.

Q7.4 あるテレビ番組の A 県内における視聴率の調査について，次の問いに答えよ.

(1) A 県内の 500 世帯を無作為に選んで調査を行ったところ，70 世帯でこの番組を視聴していた．このとき，A 県内のこの番組の視聴率 p の 95% 信頼区間を求めよ．信頼限界は小数第 3 位まで求めよ.

(2) 95% 信頼区間の幅を 0.05 以下にするためには，何世帯以上を調査すればよいかを答えよ．また，母比率がおよそ 0.15 と推定されるときはどうか.

Q7.5 ある菓子屋で新製品のケーキの重さを調査し，重さのばらつきを調べたい．無作為に選んだ 25 個のケーキを用いてその標本分散を調べたところ，34 であった．このとき，ケーキの重さの母分散の 95% 信頼区間を求めよ．信頼限界は小数第 1 位まで求めよ.

B

Q7.6 正規母集団から無作為に大きさ 15 の標本 $x_1, x_2, \ldots, x_{15}$ を抽出し，次のデータを得た.

$$\sum_{i=1}^{15} x_i = 90, \quad \sum_{i=1}^{15} x_i^2 = 1758$$

母平均を μ，母分散を σ^2 とするとき，次の問いに答えよ.

→ まとめ 7.2, 7.5, 7.7, Q7.1, Q7.3, Q7.5

(1) μ と σ^2 の不偏推定量を求めよ.

(2) μ と σ^2 の 95% 信頼区間を求めよ．信頼限界はそれぞれ小数第 1 位まで求めよ.

Q7.7 ある都市の中学 1 年生女子 16 人を無作為に選び，身長を測定したところ，平均身長は 151.8 cm，標本分散は 12.6^2 であった．この都市の中学 1 年生女子の身長の分布は正規分布に従うものとして，この都市の中学 1 年生女子の平均身長 μ の 95% 信頼区間を求めよ．信頼限界はそれぞれ小数第 1 位まで求めよ. → まとめ 7.4, 7.5, Q7.2

Q7.8 学生数 900 人の高専で，無作為に選んだ 40 人の学生のうち 26 人が部活動をしていた．このとき，以下の問いに答えよ. → まとめ 7.6, Q7.4

(1) この学校で部活動をしている学生の比率の 95% 信頼区間を求めよ．信頼限界は小数第 3 位まで求めよ.

(2) この学校で部活動をしている学生の数の 95% 信頼区間を求めよ.

Q7.9 ある法案について, その賛否を無作為に選んだ 500 人にアンケート調査をしたところ, 293 人が賛成, 207 人が反対であった. この法案に賛成する人の割合の 95% 信頼区間を求めよ. 信頼限界は小数第 3 位まで求めよ. **→ まとめ 7.6, Q7.4**

Q7.10 あるテレビ番組の視聴率を調べたい. このとき, 次の問いに答えよ.
(1) 95% 信頼区間の幅を 0.04 以下にするためには, 何世帯以上に対して調査を行えばよいかを答えよ.
(2) この番組の視聴率がおよそ 0.11 程度と予想されるとき, 99% 信頼区間の幅を 0.06 以下にするためには, 何世帯以上に対して調査を行えばよいかを答えよ.

---

8 統計的検定

8.1 仮説の検定 母数についての主張を**仮説**といい, 仮説の真偽を統計的に判断する方法を**仮説の検定**という. 肯定的な仮説 H_0 と, H_0 に対して否定的な仮説 H_1 を立てる. H_0 は否定したい仮説であり, **帰無仮説**という. H_1 は主張したい仮説であり, **対立仮説**という. 分布のわかっている統計量 (**検定統計量**) に対し, H_0 が正しいと仮定するとき, その実現値 z のとりうる確率が高々 $100\alpha\%$ である範囲を設定する. この範囲を**棄却域**といい, **有意水準 (危険率)** は $100\alpha\%$ であるという. 有意水準には 5% ($\alpha = 0.05$) や 1% ($\alpha = 0.01$) などの値がよく用いられる. z が棄却域に含まれれば, H_0 を**棄却する**といい, z が棄却域に含まれなければ, H_0 を**棄却しない**という. 検定の結論は, 対立仮説を肯定または否定した表現となる.

8.2 2 種類の誤り 仮説の検定では, 次の 2 種類の誤りが起こりうる.
(1) **第 1 種の誤り**: 帰無仮説 H_0 が正しいにもかかわらず, 棄却する誤り
(2) **第 2 種の誤り**: 帰無仮説 H_0 が間違っているにもかかわらず, 棄却しない誤り

8.3 両側検定と片側検定 母集団の未知の母数 θ についての帰無仮説 $H_0 : \theta = \theta_0$ を検定するとき, 次の方法がある.
(1) 対立仮説が $H_1 : \theta \neq \theta_0$ である場合, 有意水準に対応して棄却域を分布の両側に設ける検定を**両側検定**という.

(2) 対立仮説が $H_1 : \theta > \theta_0$ である場合, 有意水準に対応して棄却域を分布の右側に設ける検定を**右側検定**という.

(3) 対立仮説が $H_1 : \theta < \theta_0$ である場合, 有意水準に対応して棄却域を分布の左側に設ける検定を**左側検定**という.

(2) と (3) をあわせて**片側検定**という.

■8.4 母平均の検定（母分散が既知の場合）

母分散 σ^2 が既知である正規母集団 $N(\mu, \sigma^2)$ から大きさ n の標本を無作為抽出するとき, 母平均 μ についての帰無仮説

$$H_0 : \mu = \mu_0$$

の検定は次のように行う. 標本平均 $\overline{X}$ は正規分布 $N\left(\mu, \dfrac{\sigma^2}{n}\right)$ に従うので, H_0 が正しいと仮定すると,

$$Z = \frac{\overline{X} - \mu_0}{\sigma / \sqrt{n}} \text{ は標準正規分布に従う}$$

ことがいえる. 有意水準が $100\alpha\%$ のとき, Z の実現値を z として, 対立仮説 H_1 に対する棄却域を次のように設ける.

$H_1 : \mu \neq \mu_0$ のとき, $z \leqq -z\left(\dfrac{\alpha}{2}\right), \ z\left(\dfrac{\alpha}{2}\right) \leqq z$ （両側検定）

$H_1 : \mu > \mu_0$ のとき, $z(\alpha) \leqq z$ （右側検定）

$H_1 : \mu < \mu_0$ のとき, $z \leqq -z(\alpha)$ （左側検定）

標準正規分布を用いた仮説の検定を **Z 検定**という.

■8.5 母平均の検定（母分散が未知の場合）

母分散 σ^2 が未知である正規母集団 $N(\mu, \sigma^2)$ から大きさ n の標本を無作為抽出するとき, 母平均 μ についての帰無仮説

$$H_0 : \mu = \mu_0$$

の検定は次のように行う. H_0 が正しいと仮定すると,

$$T = \frac{\overline{X} - \mu}{U / \sqrt{n}} \text{ は自由度 } n-1 \text{ の } t \text{ 分布に従う}$$

ことがいえる. 有意水準が $100\alpha\%$ のとき, T の実現値を t として, 対立仮説 H_1 に対する棄却域を次のように設ける.

$$H_1 : \mu \neq \mu_0 \text{ のとき, } t \leqq -t_{n-1}(\alpha), \, t_{n-1}(\alpha) \leqq t \quad \text{(両側検定)}$$
$$H_1 : \mu > \mu_0 \text{ のとき, } t_{n-1}(2\alpha) \leqq t \qquad\qquad \text{(右側検定)}$$
$$H_1 : \mu < \mu_0 \text{ のとき, } t \leqq -t_{n-1}(2\alpha) \qquad\qquad \text{(左側検定)}$$

t 分布を用いた仮説の検定を **t 検定**という.

8.6 母比率の検定 母比率が未知である二項母集団から大きさ n の標本を無作為抽出するとき, 母比率 p についての帰無仮説

$$H_0 : p = p_0$$

の検定は次のように行う. n が十分に大きいとき, H_0 が正しいと仮定すると,

$$Z = \frac{\hat{P} - p_0}{\sqrt{p_0(1-p_0)/n}} \text{ は近似的に標準正規分布 } N(0,1) \text{ に従う}$$

ことがいえる. 有意水準が $100\alpha\%$ のとき, Z の実現値を z として, 対立仮説 H_1 に対する棄却域を次のように設ける.

$$H_1 : \mu \neq \mu_0 \text{ のとき, } z \leqq -z\left(\frac{\alpha}{2}\right), \, z\left(\frac{\alpha}{2}\right) \leqq z \quad \text{(両側検定)}$$
$$H_1 : \mu > \mu_0 \text{ のとき, } z(\alpha) \leqq z \qquad\qquad\quad \text{(右側検定)}$$
$$H_1 : \mu < \mu_0 \text{ のとき, } z \leqq -z(\alpha) \qquad\qquad\quad \text{(左側検定)}$$

8.7 母分散の検定 母分散が未知である正規母集団から大きさ n の標本を無作為抽出するとき, 母分散 σ^2 についての帰無仮説

$$H_0 : \sigma^2 = \sigma_0{}^2$$

の検定は次のように行う. H_0 が正しいと仮定すると,

$$X = \frac{nS^2}{\sigma_0{}^2} \text{ は自由度 } n-1 \text{ の } \chi^2 \text{ 分布に従う}$$

ことがいえる. 有意水準が $100\alpha\%$ のとき, X の実現値を x として, 対立仮説 H_1 に対する棄却域を次のように設ける.

$$H_1 : \sigma^2 \neq \sigma_0{}^2 \text{ のとき, } x \leqq \chi_{n-1}^2\left(\frac{1-\alpha}{2}\right), \, \chi_{n-1}^2\left(\frac{\alpha}{2}\right) \leqq x \quad \text{(両側検定)}$$
$$H_1 : \sigma^2 > \sigma_0{}^2 \text{ のとき, } \chi_{n-1}^2(\alpha) \leqq x \qquad\qquad \text{(右側検定)}$$
$$H_1 : \sigma^2 < \sigma_0{}^2 \text{ のとき, } x \leqq \chi_{n-1}^2(1-\alpha) \qquad\qquad \text{(左側検定)}$$

χ^2 分布を用いた仮説の検定を **χ^2 検定**という.

8.8* **母平均の差の検定**　母分散が既知である 2 つの正規母集団 $N(\mu_1, \sigma_1{}^2)$, $N(\mu_2, \sigma_2{}^2)$ から，それぞれ大きさ n_1, n_2 の標本を無作為抽出したときの標本平均を $\overline{X}$, $\overline{Y}$ とする．母平均の差についての帰無仮説

$$H_0 : \mu_1 = \mu_2$$

の検定は次のように行う．H_0 が正しいと仮定すると，

$$Z = \frac{\overline{X} - \overline{Y}}{\sqrt{\sigma_1{}^2/n_1 + \sigma_2{}^2/n_2}} \text{ は標準正規分布 } N(0, 1) \text{ に従う}$$

ことがいえる．有意水準が $100\alpha\%$ のとき，Z の実現値を z として，対立仮説 H_1 に対する棄却域を次のように設ける．

$H_1 : \mu \neq \mu_0$ のとき，$z \leq -z\left(\dfrac{\alpha}{2}\right), \; z\left(\dfrac{\alpha}{2}\right) \leq z$ （両側検定）

$H_1 : \mu > \mu_0$ のとき，$z(\alpha) \leq z$ （右側検定）

$H_1 : \mu < \mu_0$ のとき，$z \leq -z(\alpha)$ （左側検定）

　母分散が未知の場合，n_1, n_2 が十分に大きければ，それぞれの不偏分散の実現値を $u_1{}^2$, $u_2{}^2$，それぞれの標本分散の実現値を $s_1{}^2$, $s_2{}^2$ として，

$$Z = \frac{\overline{X} - \overline{Y}}{\sqrt{u_1{}^2/n_1 + u_2{}^2/n_2}} = \frac{\overline{X} - \overline{Y}}{\sqrt{s_1{}^2/(n_1 - 1) + s_2{}^2/(n_2 - 1)}}$$

は近似的に標準正規分布 $N(0, 1)$ に従う

ことがいえる．対立仮説 H_1 に対する棄却域は，母分散が既知の場合と同じである．

8.9* **等分散の検定**　母平均，母分散が未知である 2 つの正規母集団 $N(\mu_1, \sigma_1{}^2)$, $N(\mu_2, \sigma_2{}^2)$ から，それぞれ大きさ n_1, n_2 の標本を無作為抽出したときの不偏分散を $U_1{}^2$, $U_2{}^2$ とする．母分散の差についての帰無仮説

$$H_0 : \sigma_1{}^2 = \sigma_2{}^2$$

の検定は次のように行う．H_0 が正しいと仮定すると，

$$F = \frac{U_1{}^2}{U_2{}^2} \text{ は自由度 } (n_1 - 1, n_2 - 1) \text{ の } F \text{ 分布に従う}$$

ことがいえる．有意水準が $100\alpha\%$ のとき，F の実現値を f として，対立仮説 H_1 に対する棄却域を次のように設ける．

$\mathrm{H}_1 : {\sigma_1}^2 \neq {\sigma_2}^2$ のとき,

$$f \leqq F_{n_1-1,n_2-1}\left(1 - \frac{\alpha}{2}\right),\ F_{n_1-1,n_2-1}\left(\frac{\alpha}{2}\right) \leqq z \quad \text{(両側検定)}$$

$\mathrm{H}_1 : {\sigma_1}^2 > {\sigma_2}^2$ のとき,$F_{n_1-1,n_2-1}(\alpha) \leqq f$ $\qquad$ (右側検定)

$\mathrm{H}_1 : {\sigma_1}^2 < {\sigma_2}^2$ のとき,$f \leqq \dfrac{1}{F_{n_1-1,n_2-1}(\alpha)}$ $\qquad$ (左側検定)

F 分布を用いた仮説の検定を **F 検定**という.

8.10* **適合度の検定**　母集団が互いに排反な事象 $A_1, A_2, \ldots, A_N$ の和集合であるとし,母集団から大きさ n の標本を無作為抽出したとき,$A_1, A_2, \ldots, A_N$ に属する標本の個数を $x_1, x_2, \ldots, x_N$ とする.

	A_1	A_2	$\cdots$	A_N	計
観測度数	x_1	x_2	$\cdots$	x_N	n
母比率	p_1	p_2	$\cdots$	p_N	1
期待度数	np_1	np_2	$\cdots$	np_N	n

これらの母比率についての帰無仮説

$$\mathrm{H}_0 : P(A_i) = p_i \quad (i = 1, 2, \ldots, N)$$

の検定は次のように行う.H_0 が正しいと仮定すると,

$$X = \sum_{i=1}^{N} \frac{(x_i - np_i)^2}{np_i} \text{ は近似的に自由度 } N-1 \text{ の } \chi^2 \text{ 分布に従う}$$

ことがいえる.対立仮説は

$$\mathrm{H}_1 : P(A_i) \neq p_i \text{ となる } i \text{ がある}$$

であり,有意水準が $100\alpha\%$ のとき,X の実現値を x として,対立仮説 H_1 に対する棄却域を次のように設ける.

$$\chi_{N-1}^2(\alpha) \leqq x$$

8.11* **独立性の検定**　n 個の標本が 2 種類の性質 A と B によって,次の表のように分割されているとき,性質 A, B の独立性についての帰無仮説

$$\mathrm{H}_0 : A, B \text{ は独立である}$$

の検定は以下のように行う.

	B_1	B_2	$\cdots$	B_N	計
A_1	x_{11}	x_{12}	$\cdots$	x_{1s}	$x_{1\bullet}$
A_2	x_{21}	x_{22}	$\cdots$	x_{2s}	$x_{2\bullet}$
$\vdots$	$\vdots$	$\vdots$	$\ddots$	$\vdots$	$\vdots$
A_r	x_{r1}	x_{r2}	$\cdots$	x_{rs}	$x_{r\bullet}$
計	$x_{\bullet 1}$	$x_{\bullet 2}$	$\cdots$	$x_{\bullet s}$	n

H_0 が正しいと仮定すると,

$$X = \sum_{i=1}^{r} \sum_{j=1}^{s} \frac{(x_{ij} - m_{ij})^2}{m_{ij}}$$ は近似的に自由度 $(r-1)(s-1)$ の χ^2 分布に従う

ことがいえる. 対立仮説は

$$H_1 : A, B \text{ は独立でない}$$

であり, 有意水準 $100\alpha\%$ のとき, X の実現値を x として, 対立仮説 H_1 に対する棄却域を次のように設ける.

$$\chi^2_{(r-1)(s-1)}(\alpha) \le x$$

A

Q8.1　ある試験の受験生の中から 100 名を無作為に選び, 数学の得点を調べたところ, 100 名の得点の平均は 62.5 点であった. 全受験生の数学の得点の平均は 60 点でないといってよいか. 有意水準 5% で検定せよ. ただし, 全受験生の数学の得点は分散 17.6^2 の正規分布に従うとする.

Q8.2　あるメーカーがある新製品を開発した. この新製品の中から 16 個を無作為に抽出し, その寿命を調べたところ, 平均は 106 時間であった. このメーカーの従来の製品の平均寿命が 100 時間であったとき, 新製品のほうが寿命が延びたと判断してよいかを有意水準 5% で検定せよ. ただし, これまでの経験により, これら新旧の製品の寿命は母分散が 10^2 の正規分布に従うと考えてよい.

Q8.3　あるメーカーがある新製品を開発した. この新製品の中から 16 個を無作為に抽出し, その寿命を調べたところ, 平均は 110 時間, 分散は 300 であった. このメーカーの従来の製品の平均寿命が 100 時間であったとき, 新製品のほうが寿命が延びたと判断してよいかを有意水準 5% で検定せよ. ただし, これまでの経験より, これら新旧の製品の寿命は正規分布に従うと考えてよい.

Q8.4　ある地域において，プロ野球の T 球団のファンである人の割合は全体の 60% であるといわれている．これが正しいかどうかを調べるために，この地域から無作為に選んだ 300 人に対して調査を行ったところ，164 人が T 球団のファンであると答え，136 人がファンでないと答えた．このとき，この地域の T 球団のファンの比率が 60% でないといってよいか，有意水準 5% で検定せよ．

Q8.5　ある農場でとれる卵の大きさは，ばらつきが大きく，縦の長さは分散 16.2^2 の正規分布に従っていた．これを改善するために飼料を別のものに変え，20 個の卵を無作為に抽出して長さを測ったところ，分散は 13.5^2 となった．このとき，卵の長さのばらつきは小さくなったといえるか．縦の長さは正規分布に従うとし，有意水準 5% で検定せよ．

B

Q8.6　表が出る確率が p である硬貨がある．ただし，$0 < p < 1$ である．この硬貨について，帰無仮説 $H_0 : p = \dfrac{1}{2}$ を次のように検定する．硬貨を 3 回投げ，3 回続けて表が出る，または 3 回続けて裏が出るときは H_0 を棄却し，その他の場合は H_0 を棄却しない．このとき，次の問いに答えよ．　　　**→ まとめ 8.1, 8.2**
(1) この場合の第 1 種の誤りを述べよ．また，この第 1 種の誤りを犯す確率を求めよ．
(2) この場合の第 2 種の誤りを述べよ．また，この第 2 種の誤りを犯す確率を求めよ．
(3) 第 2 種の誤りを犯す確率が $\dfrac{1}{3}$ 未満になるような p の範囲を答えよ．

Q8.7　硬貨を 10 回投げ，表が出た回数を X とする．この硬貨について，表が出る確率を p として，帰無仮説を $H_0 : p = \dfrac{1}{2}$ とする．H_0 が正しいと仮定するとき，X の確率分布表をかけ．また，次の各場合について，X の棄却域を求めよ．

→ まとめ 8.1, 8.3

(1) 対立仮説が $H_1 : p < \dfrac{1}{2}$ で，有意水準が 5% のとき

(2) 対立仮説が $H_1 : p \neq \dfrac{1}{2}$ で，有意水準が 2% のとき

Q8.8　次の問いに答えよ．　　　**→ まとめ 8.1, 8.3**
(1) 硬貨を 5 回投げて，表が 1 回出たとき，この硬貨は表が出にくいといえるか．有意水準 5% で検定せよ．
(2) 硬貨を n 回投げて，表が 1 回出たとき，この硬貨が有意水準 5% で表が出にくいといえるような n の値の最小値を求めよ．

Q8.9* 日本国内のカマキリの体長
の雌雄による違いがあるかを調
べるために，任意に採取したカ
マキリを調査することで右の

	採取数 [匹]	体長の 平均 [mm]	体長の 標準偏差 [mm]
カマキリ（雄）	42	82.2	3.3
カマキリ（雌）	51	85.0	3.5

データを得た．このとき，雄の体長の平均が雌の体長の平均よりも小さいと判断
してよいか．有意水準 5% で検定せよ．ただし，カマキリの体長は雌雄ともに正
規分布に従うと考えてよい． → **まとめ 8.8**

Q8.10* 同一の規格の鉄の板を A 工場と B 工場で製作している会社がある．A 工
場で製作したものと B 工場で製作したものの間に品質に差があるかどうかを
調べるために，両工場から無作為に標本を抽出し，引張強度について次のデー
タを得た．このとき，B 工場の製品のほうが A 工場の製品よりも強度のばら

つきが大きいといえるか．有意水
準 5% で検定せよ．ただし，2 つ
の工場の製品の引張強度のデータ
は，どちらも正規分布に従うもの
とする． → **まとめ 8.9**

	標本数 [枚]	引張強度の 平均 [N/mm^2]	引張強度の 標準偏差 [N/mm^2]
A 工場	17	450	20
B 工場	25	462	28

Q8.11* メンデルの法則を確かめよう
と，無作為に選んだえんどう豆に
ついて調べたところ，右のデータ
を得た．メンデルの法則が正しい
ならば，豆の数の比は

	丸い豆	しわのある豆	計
黄色の豆	224	64	288
緑色の豆	64	32	96
計	288	96	384

丸くて黄色：丸くて緑色：しわがあって黄色：しわがあって緑色 ＝ 9：3：3：1

になるはずである．上のデータはこの比率に従っていないといえるか．有意水準
5% で検定せよ． → **まとめ 8.10**

Q8.12* A，B 2 つの学校で解析の成績と代数の成績を調べ，次のデータを得た．次
の問いに答えよ．ただし，どの科目も，成績は 優：良：可 ＝ 3：2：1 の割合で
あるものとする． → **まとめ 8.11**

		優（解析）	良（解析）	可（解析）	計
A 校	優（代数）	73	48	29	150
	良（代数）	54	37	9	100
	可（代数）	23	15	12	50
	計	150	100	50	300

（単位 [人]）

	優（解析）	良（解析）	可（解析）	計
優（代数）	78	56	16	150
良（代数）	53	32	15	100
可（代数）	19	12	19	50
計	150	100	50	300

B 校（左側ラベル）　（単位〔人〕）

(1) A 校における解析と代数の成績が独立でないといえるか．有意水準 5% で検定せよ．

(2) B 校における解析と代数の成績が独立でないといえるか．有意水準 5% で検定せよ．

例題 8.1

A 校と B 校の 2 つの学校で，同じ問題を使って数学の学力調査試験を行ったところ，次の表のような結果が得られた．

	受験者の人数	平均得点	標準偏差
A 校	14	62.3	7.3
B 校	16	67.9	7.7

過去のデータから，この試験に関する 2 つの学校の得点は正規分布に従い，これらの分散は，不明であるが等しいと考えられる．このとき，2 つの学校の平均得点に差があるといえるか．有意水準 5% で検定せよ．ただし，次のことは使ってもよい．

8.12 母平均の差の検定（母分散は未知だが等しい場合） 2 つの独立な正規母集団 $N(\mu_1, \sigma_1^2)$, $N(\mu_2, \sigma_2^2)$ から，それぞれ大きさ n_1 個，n_2 個の無作為標本を抽出する．n_1 個の標本の標本平均，標本分散，不偏分散をそれぞれ $\overline{X}, S_1^2, U_1^2$ とし，n_2 個の標本の標本平均，標本分散，不偏分散をそれぞれ $\overline{Y}, S_2^2, U_2^2$ とする．σ_1^2, σ_2^2 の値は未知だが，これらの値が等しいことがわかっているとき，帰無仮説「$H_0 : \mu_1 = \mu_2$」の検定は，次のことを用いて行う．

$\sigma_1^2 = \sigma_2^2$ のとき，母分散の推定量

$$U^2 = \frac{n_1 S_1^2 + n_2 S_2^2}{n_1 + n_2 - 2}$$

$$= \frac{(n_1 - 1)U_1^2 + (n_2 - 1)U_2^2}{n_1 + n_2 - 2}$$

を用いると，帰無仮説 H_0 のもとで，

$$T = \frac{\overline{X} - \overline{Y}}{\sqrt{U^2(1/n_1 + 1/n_2)}}$$

は自由度 $n_1 + n_2 - 2$ の t 分布に従う．

解 A 校と B 校の学生の平均得点をそれぞれ μ_1, μ_2 とし, 帰無仮説 $H_0: \mu_1 = \mu_2$, 対立仮説 $H_1: \mu_1 \neq \mu_2$ を, 有意水準 5% で両側検定する.

A 校の学生の得点の標本平均, 標本分散をそれぞれ $\overline{X}$, S_1^2 とし, B 校の学生の得点の標本平均, 標本分散をそれぞれ $\overline{Y}$, S_2^2 とする. 受験生全体の不偏分散 $U^2 = \dfrac{14S_1^2 + 16S_2^2}{14 + 16 - 2}$ を用いると, 帰無仮説 H_0 のもとで,

$$T = \frac{\overline{X} - \overline{Y}}{\sqrt{U^2 \left(\dfrac{1}{14} + \dfrac{1}{16} \right)}}$$

は自由度 28 の t 分布に従う. 棄却域は $|t| \geqq 2.048$ である. T の実現値 t は

$$t = \frac{62.3 - 67.9}{\sqrt{\dfrac{14 \cdot 7.3^2 + 16 \cdot 7.7^2}{28} \cdot \left(\dfrac{1}{14} + \dfrac{1}{16} \right)}} \fallingdotseq -1.967$$

であるから, 棄却域に含まれない. したがって, 有意水準 5% では, 2 つの学校の平均得点に差があるとはいえない.

Q8.13 あるメーカーは同じ合板を A 工場と B 工場で製造している. 製品の質を保証するために 2 つの工場で耐久試験を行い, 合板破壊時の圧力を測定し右のデータを得た.

	標本数 [個]	破壊時の 平均圧力 [kg/cm^2]	標本標準 偏差 [kg/cm^2]
A 工場	10	7.5	0.38
B 工場	15	7.8	0.33

2 つの工場における合板破壊圧力の母分散は未知であるが, 等しいと仮定するとき, A 工場, B 工場における合板破壊時の平均圧力が異なるといってよいか, 有意水準 5% で検定せよ. ただし, 2 つの工場の合板破壊圧力のデータは正規分布に従うものとする.

例題 8.2

ある番組の視聴率の男女による違いを調べるために, 無作為抽出した人たちに調査を行い右のデータを得た.

	調査した人数	視聴した人数	視聴率
男性	500	85	0.170
女性	600	125	0.208

この番組の, 男性と女性の視聴率に差があるといえるか. 有意水準 5% で検定せよ. ただし, 次のことは使ってよい.

8.13 母比率の差の検定　母比率がそれぞれ p_1, p_2 である二項母集団 A, B から，それぞれ大きさ n_1, n_2 の無作為標本を独立に抽出する．各標本の標本比率を $\widehat{P}_1, \widehat{P}_2$ とするとき，帰無仮説「$\mathrm{H}_0 : p_1 = p_2$」の検定は，次のことを用いて行う．

$p_1 = p_2$ のとき，母比率の推定量

$$\widehat{P} = \frac{n_1\widehat{P}_1 + n_2\widehat{P}_2}{n_1 + n_2}$$

を用いると，n_1 と n_2 が十分大きいとき，帰無仮説 H_0 のもとで，

$$Z = \frac{\widehat{P}_1 - \widehat{P}_2}{\sqrt{\widehat{P}(1 - \widehat{P})(1/n_1 + 1/n_2)}}$$

は近似的に標準正規分布 $N(0,1)$ に従う．

解　男性，女性の視聴率の比率をそれぞれ p_1, p_2 とし，帰無仮説 $\mathrm{H}_0 : p_1 = p_2$，対立仮説 $\mathrm{H}_1 : p_1 \neq p_2$ で両側検定をする．男性，女性の視聴率の標本比率をそれぞれ $\widehat{P}_1, \widehat{P}_2$ とし，合わせて作った標本比率の推定量を $\widehat{P} = \frac{n_1\widehat{P}_1 + n_2\widehat{P}_2}{n_1 + n_2}$ とすると，これらの実現値は，

$$\widehat{p}_1 = \frac{85}{500}, \quad \widehat{p}_2 = \frac{125}{600}, \quad \widehat{p} = \frac{85 + 125}{500 + 600} = \frac{21}{110}$$

である．標本の数 500, 600 は十分に大きいので，帰無仮説 H_0 のもとで，

$$Z = \frac{\widehat{P}_1 - \widehat{P}_2}{\sqrt{\widehat{P}(1 - \widehat{P})(1/500 + 1/600)}}$$

は近似的に標準正規分布 $N(0,1)$ に従う．棄却域は $|z| > 1.960$ であり，Z の実現値 z は

$$z = \frac{\dfrac{85}{500} - \dfrac{125}{600}}{\sqrt{\dfrac{21}{110} \cdot \dfrac{89}{110}\left(\dfrac{1}{500} + \dfrac{1}{600}\right)}} \fallingdotseq -1.611$$

であるから，棄却域に含まれない．したがって，有意水準 5% では，男女の視聴率に差があるとはいえない．

Q8.14　次の表は，ある大学で無作為抽出した自宅生と寮生に対して，日常的に朝食を食べるかどうかを調べたデータである．この大学の自宅生と寮生の間で，日常的に朝食を食べる割合に差があるといってよいか．有意水準 5% で検定せよ．

	調査した学生数	朝食を食べる学生数	朝食を食べる比率
自宅生	600	480	0.80
寮生	400	340	0.85

解 答

第1章 データの整理

第1節 1次元のデータ

1.1

個数[個]	0	1	2	3	4	合計
度数[回]	2	5	7	4	2	20
相対度数	0.10	0.25	0.35	0.20	0.10	1.00

個数[個]	0以下	1以下	2以下	3以下	4以下
累積度数[回]	2	7	14	18	20
累積相対度数	0.10	0.35	0.70	0.90	1.00

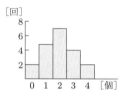

1.2

走り幅跳び[m]の階級	3.5以上 4.0未満	4.0 〜 4.5	4.5 〜 5.0	5.0 〜 5.5	5.5 〜 6.0	計
階級値	3.75	4.25	4.75	5.25	5.75	
度数	2	3	5	5	1	16
相対度数	0.1250	0.1875	0.3125	0.3125	0.0625	1.0000
累積度数	2	5	10	15	16	
累積相対度数	0.1250	0.3125	0.6250	0.9375	1.0000	

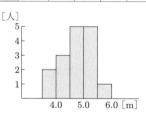

解答例:

- データは，3.5 m から 6.0 m までの間にある．
- もっとも度数の大きい階級は，4.5 m から 5.0 m と，5.0 m から 5.5 m である．
- 記録のよいほうから 8 番目は，4.5 m から 5.0 m の階級にいる．
- 5 m 以上投げたのは 6 人である．

など．

1.3 73.9 点

1.4

階級 [m]	3.5以上 4.0未満	4.0 〜 4.5	4.5 〜 5.0	5.0 〜 5.5	5.5 〜 6.0	計
階級値 (x_i)	3.75	4.25	4.75	5.25	5.75	
度数 (f_i)	2	3	5	5	1	16
$x_i f_i$	7.50	12.75	23.75	26.25	5.75	76.00

度数分布表を使った場合の平均は 4.75 m，直接計算した場合の平均は 4.74 m

1.5 メディアンは 3.5，モードは 4

1.6 平均は 7.67 秒，メディアンは 7.7 秒，モードは 7.1 秒

1.7 $v_x \fallingdotseq 0.63$, $s \fallingdotseq 0.79\,[\mathrm{m}]$

1.8 $\overline{x} = \dfrac{112}{10} = 11.2$, $v_x = 3.76$, $s_x \fallingdotseq 1.94$

1.9 $v_x = 3.76$

1.10

得点 (x_i) [点]	0	1	2	3	4	5	8	計
試合数 (f_i)	3	4	2	5	4	1	1	20
$x_i f_i$	0	4	4	15	16	5	8	52
$x_i^2 f_i$	0	4	8	45	64	25	64	210

$\overline{x} \fallingdotseq 2.60$, $v_x \fallingdotseq 3.74$, $s_x \fallingdotseq 1.93$

1.11 (1) 74 点の学生の偏差値は 55.0，56 点の学生の偏差値は 40.0

(2) 80 点の学生の偏差値は 68.9，50 点の学生の偏差値は 35.6

1.12 (1)

変数 (x_i)	10	20	30	40	50	合計
度数 (f_i)	3	4	6	4	3	20
$x_i f_i$	30	80	180	160	150	600
$x_i^2 f_i$	300	1600	5400	6400	7500	21200

$\overline{x} = 30$, $v_x = 160$, $s_x \fallingdotseq 12.6$

(2)

変数 (x_i)	5	10	15	20	25	30	合計
度数 (f_i)	5	1	4	3	3	2	18
$x_i f_i$	25	10	60	60	75	60	290
$x_i^2 f_i$	125	100	900	1200	1875	1800	6000

$\overline{x} \fallingdotseq 16.1$, $v_x \fallingdotseq 73.8$, $s_x \fallingdotseq 8.6$

1.13 (1)

身長 [cm] の階級	156.0 以上 160.0 未満	160.0 〜 164.0	164.0 〜 168.0	168.0 〜 172.0
階級値 (x_i)	158	162	166	170
度数 (f_i)	1	3	6	8
y_i	-3	-2	-1	0
$y_i f_i$	-3	-6	-6	0

172.0 〜 176.0	176.0 〜 180.0	180.0 〜 184.0	合計
174	178	182	
7	4	1	30
1	2	3	
7	8	3	3

(2) $\overline{y} = \dfrac{3}{30}$ であるから，求める平均は，

$$\overline{x} = 170 + 4 \cdot \frac{3}{30} = 170.4 \,[\text{cm}]$$

1.14 平均 $\dfrac{4a + 3b + 2c + 5d}{14}$，メディアン $\dfrac{b+c}{2}$，モード d

1.15 平均が 3.5 であるから，$\dfrac{x + 2y + 23}{10} = 3.5$ である．したがって，$x + 2y = 12$ である．x, y は自然数なので，この式を満たす (x, y) の組は $(2,5), (4,4), (6,3), (8,2), (10,1)$ だけである．モードが 3 なので $x = 6, y = 3$ である．メディアンは 3 である．

1.16 X の平均，分散，標準偏差はそれぞれ $\overline{x} = 12, v_x = 4, s_x = 2$ である．Y の平均，分散，標準偏差をそれぞれ $\overline{y}, v_y, s_y$ とする．
(1) $\overline{y} = 2\overline{x} - 5 = 19, v_y = 2^2 v_x = 16, s_y = 2s_x = 4$
(2) $\overline{y} = \dfrac{1}{2}(\overline{x} - 12) = 0, v_y = \left(\dfrac{1}{2}\right)^2 v_x = 1, s_y = \dfrac{1}{2} s_x = 1$

1.17 (1)

階級 [秒]	95 以上 100 未満	100 〜 105	105 〜 110	110 〜 115	115 〜 120
階級値 [秒]	97.5	102.5	107.5	112.5	117.5
度数 [人]	4	4	2	6	5

120 〜 125	125 〜 130	130 〜 135	135 〜 140	140 〜 145	合計
122.5	127.5	132.5	137.5	142.5	
4	4	4	3	4	40

(2) 平均 $\dfrac{4790}{40} = 119.75$ [秒]，

分散 $\dfrac{581350}{40} - \left(\dfrac{4790}{40}\right)^2 ≒ 193.69$

(3)

階級 [秒]	95 以上 105 未満	105 〜 115	115 〜 125	125 〜 135	135 〜 145	合計
階級値 [秒]	100	110	120	130	140	
度数 [人]	8	8	9	8	7	40

(4) 平均 $\dfrac{4780}{40} = 119.5$ [秒]，

分散 $\dfrac{578800}{40} - \left(\dfrac{4780}{40}\right)^2 = 189.75$

1.18 連立方程式

$$\begin{cases} 62a + b = 50 \\ 12a^2 = 3 \end{cases}$$

を解いて，$(a, b) = \left(\dfrac{1}{2}, 19\right), \left(-\dfrac{1}{2}, 81\right)$ となる．

1.19 (1) $Y = X + 10$ であるから，
$$\overline{y} = \overline{x} + 10 = 14.4, v_y = v_x = 4.3$$

(2) $Y = \dfrac{1}{10} X$ であるから，
$$\overline{y} = \frac{1}{10}\overline{x} = 0.44, v_y = \frac{1}{100} v_x = 0.043$$

(3) $Y = -3X$ であるから，
$$\overline{y} = -3\overline{x} = -13.2, v_y = 9v_x = 38.7$$

(4) $Y = -2X + 100$ であるから，
$$\overline{y} = -2\overline{x} + 100 = 91.2, v_y = 4v_x = 17.2$$

1.20 (1)

BMI の階級	14.0 以上 18.0 未満	18.0 〜 22.0	22.0 〜 26.0	26.0 〜 30.0	30.0 〜 34.0	計
階級値 (x_i)	16.0	20.0	24.0	28.0	32.0	
y_i	-2	-1	0	1	2	
度数 (f_i)	2	15	22	x	y	50
$y_i f_i$	-4	-15	0	x	$2y$	

(2) $Y = \dfrac{X - 24}{4}$ から $\overline{y} = \dfrac{\overline{x} - 24}{4} = \dfrac{23.6 - 24.0}{4} = -0.1$ となる．

(3) 度数の合計から，$2 + 15 + 22 + x + y = 50$ である．また，変数 Y の平均から，$\dfrac{1}{50}(-4 - 15 + 0 + x + 2y) = -0.1$ である．し

たがって，連立方程式 $\begin{cases} x + y = 11 \\ x + 2y = 14 \end{cases}$ が

得られ，これを解いて $x = 8, y = 3$ となる．

1.21 (1)

階級	1200 以上 1400 未満	1400 〜 1600	1600 〜 1800	1800 〜 2000	2000 〜 2200
階級値 (x_i)	1300	1500	1700	1900	2100
y_i	-4	-3	-2	-1	0
度数 (f_i)	2	4	5	8	10
$y_i f_i$	-8	-12	-10	-8	0
$y_i^2 f_i$	32	36	20	8	0

2200 〜 2400	2400 〜 2600	2600 〜 2800	2800 〜 3000	計
2300	2500	2700	2900	
1	2	3	4	
7	6	5	3	50
7	12	15	12	8
7	24	45	48	220

(2) $\overline{y} = 0.16$, $v_y = 4.3744$ から，$\overline{x} = 2100 + 200 \cdot 0.16 = 2132$ [kcal]，$v_x = 200^2 \cdot 4.3744 = 174976$，$s_x \fallingdotseq 418.3$ [kcal]

1.22 度数の合計から $x + y + z = 25$，平均から $\dfrac{x + 2y + 3z}{25} = 1.8$，標準偏差から $\dfrac{x + 4y + 9z}{25} - 1.8^2 = 0.8^2$ である．連立方程式を解いて，$x = 11, y = 8, z = 6$ となる．

1.23 (1) 最小値と最大値はそれぞれ 3, 15 である．9 個のデータを小さい順に左から 1 列に並べると，

$$3, 4, 4, 5, 7, 9, 10, 12, 15$$

であるから，メディアンは 7 である．下位のデータは 3, 4, 4, 5 であるから，第 1 四分位数は $\dfrac{4 + 4}{2} = 4$ であり，上位のデータは 9, 10, 12, 15 であるから，第 3 四分位数は $\dfrac{10 + 12}{2} = 11$ である．

(2) 最小値と最大値はそれぞれ 2, 13 である．10 個のデータを小さい順に左から 1 列に並べると，

$$2, 7, 7, 8, 8, 9, 10, 11, 12, 13$$

であるから，メディアンは $\dfrac{8 + 9}{2} = 8.5$ で

ある．下位のデータは 2, 7, 7, 8, 8 であるから，第 1 四分位数は 7 であり，上位のデータは 9, 10, 11, 12, 13 であるから，第 3 四分位数は 11 である．

箱ひげ図は下図のとおり．

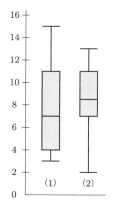

第 2 節　2 次元のデータ

2.1 X, Y の平均をそれぞれ $\overline{x}, \overline{y}$ とする．

(1) $\overline{x} = 3.5, \overline{y} = 2.0$ であり，正の相関がある．

(2) $\overline{x} = 0, \overline{y} = 1.0$ であり，相関はない．

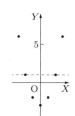

(3) $\overline{x} = 0, \overline{y} = 0$ であり，相関はない．

2.2　(1)

							合計
X	10	21	13	25	45	26	140
Y	32	46	33	38	75	37	261
X^2	100	441	169	625	2025	676	4036
Y^2	1024	2116	1089	1444	5625	1369	12667
XY	320	966	429	950	3375	962	7002

相関係数は 0.91

(2)

							合計
X	15	43	67	20	33	15	193
Y	7	3	10	9	1	12	42
X^2	225	1849	4489	400	1089	225	8277
Y^2	49	9	100	81	1	144	384
XY	105	129	670	180	33	180	1297

相関係数は -0.13

2.3

						合計
X	5	3	9	4	7	10	38
Y	23	36	19	31	10	9	128
X^2	25	9	81	16	49	100	280
Y^2	529	1296	361	961	100	81	3328
XY	115	108	171	124	70	90	678

(1) $y = -3.37x + 42.69$

(2) $x = -0.22y + 11.07$

(3) 15.73

2.4　(1) 変数 X, Y の表は

									平均	標準偏差
X	-12	-7	-4	-1	1	4	10	12	0.375	7.664
Y	9.93	9.92	9.86	9.85	9.84	9.79	9.77	9.74	9.838	0.064

となる．X, Y の共分散は $s_{xy} \fallingdotseq -0.478$ であるから，Y の X への回帰直線は $y = -0.008x + 9.84$ である．また，相関係数は -0.98 である．

(2) $X = 2009 - 1995 = 14$ を (1) の回帰直線の方程式に代入して，予想値は 9.73 秒となる．

> [note]　実際の世界記録は 9.58 秒であった．ウサイン・ボルト選手の 2008 年と 2009 年の記録は回帰直線を大きく外れており，統計的には予想外の記録であったことがわかる．

2.5　(1) $\overline{x} = 68.4$, $s_x \fallingdotseq 17.04$, $\overline{y} = 77.0$, $s_y \fallingdotseq 13.96$, $\overline{xy} = 5498$ から，$c_{xy} = 5498 - 68.4 \cdot 77.0 = 231.2$ である．よって，

$y = 0.80x + 22.51$ となる．

(2) $r_{xy} = \dfrac{231.2}{17.04 \cdot 13.96} \fallingdotseq 0.97$

(3) 回帰直線の方程式 $y = 0.80x + 22.51$ に $x = 70$ を代入して，およそ 78.5 g．

2.6　(1)

z	3.9	4.6	5.3	6.9	7.6
y	13.1	14.5	16.0	19.4	20.8

(2) $y = 2.10z + 4.87$

(3) $x = 5000$ のとき $z \fallingdotseq 8.52$ より，$y = 2.10 \times 8.52 + 4.87 \fallingdotseq 22.76$.

2.7　(1)

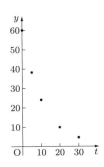

(2)

t	0	5	10	20	30
z	4.1	3.6	3.2	2.3	1.5

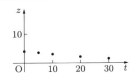

(3) $c_{tz} \fallingdotseq -10.06$, $s_t \fallingdotseq 10.77$, $s_z \fallingdotseq 0.93$ から，$z = -0.09t + 4.07$

(4) $\log y = -0.09t + 4.07$ から，
$$y = e^{-0.09t + 4.07}$$

(5) $e^{-0.09 \cdot 40 + 4.07} \fallingdotseq 1.60$. よって，およそ $1.6°$C．

2.8

$$\frac{1}{n}\sum_{i=1}^{n}(x_i - \overline{x})y_i = \frac{1}{n}\sum_{i=1}^{n}(x_i y_i - \overline{x}y_i)$$
$$= \frac{1}{n}\sum_{i=1}^{n}x_i y_i - \overline{x} \cdot \frac{1}{n}\sum_{i=1}^{n}y_i$$
$$= \overline{xy} - \overline{x} \cdot \overline{y} = c_{xy}$$

2.9　(1) $r_{xy} = \dfrac{c_{xy}}{s_x \cdot s_y}$ より，

$$y - \overline{y} = \frac{c_{xy}}{s_x^2}(x - \overline{x})$$

$$= r_{xy} \cdot \frac{s_y}{s_x}(x - \overline{x})$$

両辺を s_y で割って,与えられた式が成り立つ.

(2) 2 つの回帰直線の傾きが一致するためには,$\frac{s_y^2}{c_{xy}} = \frac{c_{xy}}{s_x^2}$,すなわち,$s_x^2 s_y^2 = \{c_{xy}\}^2$ が成り立たなければならない.ゆえに,相関係数 $r_{xy} = \pm 1$ のときに限る.

2.10 (1) X, Y の平均をそれぞれ $\overline{x}$, $\overline{y}$ とすると,$\overline{x} = 2$, $\overline{y} = 13$ である.X の標準偏差を s_x とすると,$s_x = \sqrt{28} = 2\sqrt{7}$,共分散は $c_{xy} = 48$ である.したがって,求める回帰直線の方程式は,$y - 13 = \frac{48}{28}(x - 2)$ から,$y = \frac{12}{7}x + \frac{67}{7}$ となる.

(2) 回帰直線の傾きは,$\frac{1}{10} \times \frac{12}{7} = \frac{6}{35}$ である.U, V の平均をそれぞれ $\overline{u}$, $\overline{v}$ とすると,$\overline{u} = \overline{x} + 50 = 52$,$\overline{v} = \frac{1}{10}\overline{y} + 10 = \frac{113}{10}$ であるから,求める回帰直線の方程式は,$v - \frac{113}{10} = \frac{6}{35}(u - 52)$ から,$v = \frac{6}{35}u + \frac{167}{70}$ となる.

2.11 (1) $r_{xy} = \frac{c_{xy}}{s_x \cdot s_y} = 1$ より,$c_{xy} = s_x s_y$ である.このとき,Y の X への回帰直線の傾きは,

$$\frac{c_{xy}}{s_x^2} = \frac{s_x s_y}{s_x^2} = \frac{s_y}{s_x}$$

(2) $r_{xy} = \frac{c_{xy}}{s_x \cdot s_y}$ であり,$s_x \neq 0, s_y \neq 0$ であるから,$r_{xy} = 0$ となるのは $c_{xy} = 0$ のときである.また,回帰直線の傾きは $\frac{c_{xy}}{s_x^2}$ であるから,$c_{xy} = 0$ となるのは傾きが 0 のときである.したがって,$r_{xy} = 0$ となるのは,回帰直線が $y = a$(定数関数)のときに限る.

2.12 (1) $y_i = x_i\,(i = 1, 2, \ldots, n)$ であるから,$\overline{y} = \overline{x}$, $s_y = s_x$ である.よって,

$$c_{xy} = \frac{1}{n}\sum_{i=1}^{n}(x_i - \overline{x})(y_i - \overline{y})$$

$$= \frac{1}{n}\sum_{i=1}^{n}(x_i - \overline{x})^2 = s_x^2$$

したがって,$c_{xy} = s_x^2 = s_y^2$ であるから,$r_{xy} = \frac{c_{xy}}{s_x \cdot s_y} = 1$ となる.

(2) $y_i = n + 1 - x_i\,(i = 1, 2, \ldots, n)$ であるから,$\overline{y} = n + 1 - \overline{x}$, $s_y = s_x$ である.$y_i - \overline{y} = (n+1-x_i) - (n+1-\overline{x}) = -(x_i - \overline{x})$ であるから,

$$c_{xy} = \frac{1}{n}\sum_{i=1}^{n}(x_i - \overline{x})(y_i - \overline{y})$$

$$= -\frac{1}{n}\sum_{i=1}^{n}(x_i - \overline{x})^2 = -s_x^2$$

よって,$c_{xy} = -s_x s_y$ から,$r_{xy} = \frac{c_{xy}}{s_x \cdot s_y} = -1$ となる.

(3) $\overline{x} = \overline{y}$, $s_x = s_y$ であることに注意する.

$$\overline{x} = \frac{1}{n}\sum_{i=1}^{n}x_i = \frac{1}{n} \cdot \frac{1}{2}n(n+1)$$

$$= \frac{1}{2}(n+1)$$

であり,X^2, Y^2 の平均はともに,

$$\frac{1}{n}\sum_{k=1}^{n}k^2 = \frac{1}{n} \cdot \frac{1}{6}n(n+1)(2n+1)$$

$$= \frac{1}{6}(n+1)(2n+1)$$

であるから,

$$s_x^2 = \frac{1}{6}(n+1)(2n+1) - \left\{\frac{1}{2}(n+1)\right\}^2$$

$$= \frac{1}{12}(n^2 - 1)$$

となる.一方,

$$r_{xy} = 1 - \frac{6\sum_{i=1}^{n}(x_i - y_i)^2}{n(n^2 - 1)} \quad \cdots (A)$$

は

$$\frac{1}{n}\sum_{i=1}^{n}(x_i - y_i)^2 = \frac{1}{6}(n^2 - 1)(1 - r_{xy})$$

と書きかえられる.したがって,式 (A) は

$$\frac{1}{n}\sum_{i=1}^{n}(x_i - y_i)^2 = 2s_x^2(1 - r_{xy}) \quad \cdots \text{(B)}$$

と書きかえることができるので，式 (B) が成り立つことを示す．

$$\frac{1}{n}\sum_{i=1}^{n}(x_i - y_i)^2$$

$$= \frac{1}{n}\sum_{i=1}^{n}(x_i^2 - 2x_iy_i + y_i^2)$$

$$= \frac{1}{n}\sum_{i=1}^{n}x_i^2 - 2\cdot\frac{1}{n}\sum_{i=1}^{n}x_iy_i + \frac{1}{n}\sum_{i=1}^{n}y_i^2$$

$$= (s_x^2 + \overline{x}^2) - 2\overline{xy} + (s_y^2 + \overline{y}^2)$$

$$= 2\left(s_x^2 + \overline{x}^2 - \overline{xy}\right)$$

である．ここで，

$$r_{xy} = \frac{c_{xy}}{s_x \cdot s_y} = \frac{\overline{xy} - \overline{x}\cdot\overline{y}}{s_x \cdot s_y}$$

$$= \frac{\overline{xy} - \overline{x}^2}{s_x^2}$$

から，$\overline{xy} = s_x^2 r_{xy} + \overline{x}^2$ である．よって，

$$\frac{1}{n}\sum_{i=1}^{n}(x_i - y_i)^2$$

$$= 2\left(s_x^2 + \overline{x}^2 - \overline{xy}\right)$$

$$= 2\left(s_x^2 + \overline{x}^2 - s_x^2 r_{xy} - \overline{x}^2\right)$$

$$= 2s_x^2(1 - r_{xy})$$

となり，式 (B) が示された．

(4) $r_{xy} \fallingdotseq 0.405$

C 問題

1 (1) 平均は

$$\overline{y} = \frac{1}{n}\sum_{i=1}^{n}y_i = \frac{1}{n}\sum_{i=1}^{n}(cx_i + d)$$

$$= \frac{1}{n}\left(\sum_{i=1}^{n}cx_i + \sum_{i=1}^{n}d\right)$$

$$= \frac{1}{n}\left(c\sum_{i=1}^{n}x_i + nd\right)$$

$$= c\frac{1}{n}\sum_{i=1}^{n}x_i + d = c\overline{x} + d$$

また，このことを使って，分散は

$$s_y^2 = \frac{1}{n}\sum_{i=1}^{n}(y_i - \overline{y})^2$$

$$= \frac{1}{n}\sum_{i=1}^{n}\{(cx_i + d) - (c\overline{x} + d)\}^2$$

$$= \frac{1}{n}\sum_{i=1}^{n}\{c(x_i - \overline{x})\}^2$$

$$= c^2\frac{1}{n}\sum_{i=1}^{n}(x_i - \overline{x})^2 = c^2 s_x^2$$

(2) $\overline{z}$ は $n + m$ 個のデータ $x_1, x_2, \ldots, x_n,$ $y_1, y_2, \ldots, y_m$ の平均であるから，

$$\overline{z} = \frac{1}{n+m}\left(\sum_{i=1}^{n}x_i + \sum_{j=1}^{m}y_j\right)$$

$$= \frac{n}{n+m}\cdot\frac{1}{n}\sum_{i=1}^{n}x_i$$

$$\quad + \frac{m}{n+m}\cdot\frac{1}{m}\sum_{i=1}^{n}y_j$$

$$= \frac{n}{n+m}\overline{x} + \frac{m}{n+m}\overline{y}$$

$$= \frac{n\overline{x} + m\overline{y}}{n+m}$$

$n + m$ 個のデータの分散は，すべてのデータの 2 乗の平均から平均の 2 乗を引いたものであるから，

$$s_z^2 = \frac{1}{n+m}\left(\sum_{i=1}^{n}x_i^2 + \sum_{j=1}^{m}y_j^2\right) - \overline{z}^2$$

$$= \frac{n}{n+m}\cdot\frac{1}{n}\sum_{i=1}^{n}x_i^2$$

$$\quad + \frac{m}{n+m}\cdot\frac{1}{m}\sum_{j=1}^{m}y_j^2 - \left(\frac{n\overline{x} + m\overline{y}}{n+m}\right)^2$$

である．ここで，

$$s_x^2 = \frac{1}{n}\sum_{i=1}^{n}x_i^2 - \overline{x}^2,$$

$$s_y^2 = \frac{1}{m}\sum_{j=1}^{m} y_j^2 - \overline{y}^2$$

から,

$$\frac{1}{n}\sum_{i=1}^{n} x_i^2 = s_x^2 + \overline{x}^2,$$

$$\frac{1}{m}\sum_{j=1}^{m} y_j^2 = s_y^2 + \overline{y}^2$$

である. よって,

$$s_z^2 = \frac{n}{n+m}(s_x^2 + \overline{x}^2) + \frac{m}{n+m}(s_y^2 + \overline{y}^2)$$
$$- \left(\frac{n\overline{x} + m\overline{y}}{n+m}\right)^2$$
$$= \frac{ns_x^2 + ms_y^2}{n+m}$$
$$+ \left\{\frac{n\overline{x}^2 + m\overline{y}^2}{n+m} - \frac{(n\overline{x}+m\overline{y})^2}{(n+m)^2}\right\}$$

であり,

$$\frac{n\overline{x}^2 + m\overline{y}^2}{n+m} - \frac{(n\overline{x}+m\overline{y})^2}{(n+m)^2}$$
$$= \frac{(n+m)(n\overline{x}^2 + m\overline{y}^2) - (n\overline{x}+m\overline{y})^2}{(n+m)^2}$$
$$= \frac{nm(\overline{x}^2 - 2\overline{x}\cdot\overline{y} + \overline{y}^2)}{(n+m)^2}$$
$$= \frac{nm(\overline{x}-\overline{y})^2}{(n+m)^2}$$

である. したがって, $s_z^2 = \frac{ns_x^2 + ms_y^2}{n+m} + \frac{nm}{(n+m)^2}(\overline{x}-\overline{y})^2$ が得られる.

第2章　確率

第3節　離散的な確率

3.1 (1) $\Omega = \{1,2,3,4,5,6,7,8,9,10,11,12\}$
(2) 2 つのさいころを区別して, a と b の目が出ることを (a, b) とかくと,
$\Omega =$
$\{(1, 1), (1, 2), (1, 3), (1, 4), (1, 5), (1, 6),$
$(2, 1), (2, 2), (2, 3), (2, 4), (2, 5), (2, 6),$
$(3, 1), (3, 2), (3, 3), (3, 4), (3, 5), (3, 6),$
$(4, 1), (4, 2), (4, 3), (4, 4), (4, 5), (4, 6),$
$(5, 1), (5, 2), (5, 3), (5, 4), (5, 5), (5, 6),$
$(6, 1), (6, 2), (6, 3), (6, 4), (6, 5), (6, 6)\}$
(3) 3 枚の硬貨を区別して,

$\Omega =\{$(表,表,表), (表,表,裏), (表,裏,表),
(表,裏,裏), (裏,表,表), (裏,表,裏),
(裏,裏,表), (裏,裏,裏)$\}$

3.2 (1) $\overline{A} = \{(1, 3), (1, 5), (1, 7), (3, 5),$
$(3, 7), (5, 7)\}$
(2) $A \cap B = \{(1, 6), (2, 3), (2, 6), (3, 4),$
$(3, 6), (3, 8), (4, 6), (5, 6), (6, 7), (6, 8)\}$
(3) $\overline{A \cup C} = \{(1, 5), (3, 7)\}$

3.3 (1) $\frac{1}{9}$ (2) $\frac{5}{18}$ (3) $\frac{5}{12}$ (4) $\frac{4}{9}$

3.4 (1) $\frac{7}{9}$ (2) $\frac{2}{15}$ (3) $\frac{1}{9}$ (4) $\frac{4}{5}$
(5) $\frac{1}{5}$

3.5 (1) $\frac{1}{33}$ (2) $\frac{1}{11}$ (3) $\frac{12}{55}$ (4) $\frac{13}{55}$

3.6 $\frac{15}{64}$

3.7 (1) $\frac{16}{81}$ (2) $\frac{32}{81}$ (3) $\frac{11}{27}$

3.8 (1) 男性である確率は $\frac{13}{25}$ である. また,
選ばれた人が男性でこの政策に賛成である確率は $\frac{33}{100}$ である.
(2) $\frac{33}{52}$ (3) $\frac{7}{16}$

3.9 (1) $\frac{5}{33}$ (2) $\frac{35}{132}$ (3) $\frac{7}{12}$

3.10 $P(A) = \frac{1}{2}$, $P(B) = \frac{3}{10}$, $P(C) = \frac{3}{5}$, $P(A \cap B) = \frac{3}{20}$, $P(B \cap C) = \frac{1}{5}$, $P(C \cap A) = \frac{3}{10}$ である.
(1) $P(A \cap B) = P(A)P(B)$ が成り立つので, A と B は独立である.
(2) $P(B \cap C) = P(B)P(C)$ が成り立たないので, B と C は独立でない.
(3) $P(C \cap A) = P(C)P(A)$ が成り立つので, C と A は独立である.

3.11 $P(A)P(B|A) = P(A \cap B)$
$= P(B) - P(\overline{A} \cap B)$
$= P(B) - P(\overline{A})P(B|\overline{A})$

$$= P(B) - P(\overline{A})P(B)$$
$$= (1 - P(\overline{A}))P(B)$$
$$= P(A)P(B)$$

から, $P(B|A) = P(B)$ が得られる.

3.12　玉が袋 X から取り出された事象を A, 取り出された玉が赤玉である事象を B とする. ベイズの定理から, 求める確率は

$$P(A|B) = \frac{P(A) \cdot P(B|A)}{P(A) \cdot P(B|\overline{A}) + P(\overline{A}) \cdot P(B|\overline{A})}$$

$$= \frac{\dfrac{1}{2} \cdot \dfrac{2}{5}}{\dfrac{1}{2} \cdot \dfrac{2}{5} + \dfrac{1}{2} \cdot \dfrac{5}{9}} = \frac{18}{43}$$

である.

3.13　A, B, C 工場の製品である事象をそれぞれ A, B, C とし, 製品が不良品である事象を H とすると, 3 つの事象 A, B, C は互いに排反で, 和集合が全事象である. したがって, ベイズの定理から, 求める確率は

$$P(C|H)$$
$$= \frac{P(C) \cdot P(H|C)}{P(A) \cdot P(H|A) + P(B) \cdot P(H|B) + P(C) \cdot P(H|C)}$$

$$= \frac{\dfrac{1}{10} \cdot \dfrac{3}{100}}{\dfrac{7}{10} \cdot \dfrac{1}{100} + \dfrac{2}{10} \cdot \dfrac{2}{100} + \dfrac{1}{10} \cdot \dfrac{3}{100}}$$

$$= \frac{3}{14}$$

である.

3.14　牛が発症している事象を A, 検査で陽性と判定される事象を B とする. ベイズの定理から, 求める確率は

$$P(A|B) = \frac{P(B) \cdot P(A|B)}{P(B) \cdot P(A|B) + P(\overline{B}) \cdot P(A|\overline{B})}$$

$$= \frac{0.02 \cdot 0.7}{0.02 \cdot 0.7 + 0.98 \cdot 0.1}$$

$$= 0.125$$

である.

3.15　(1) 52 枚のカードから 5 枚のカードを取り出す方法は $_{52}C_5$ 通りある. 1 から 13 の中から異なる 5 つの数を選ぶ方法は $_{13}C_5$ 通りあり, それぞれの数を 4 つの柄の中から選ぶ方法は $_4C_1$ 通りある. したがって, 求める

確率は

$$\frac{_{13}C_5 \cdot (_4C_1)^5}{_{52}C_5} = \frac{\dfrac{13 \cdot 12 \cdot 11 \cdot 10 \cdot 9}{5 \cdot 4 \cdot 3 \cdot 2 \cdot 1} \cdot 4^5}{\dfrac{52 \cdot 51 \cdot 50 \cdot 49 \cdot 48}{5 \cdot 4 \cdot 3 \cdot 2 \cdot 1}}$$

$$= \frac{2112}{4165}$$

である.

(2) 2 枚の数が同じになる数の選び方は $_{13}C_1$ 通りあり, この数をもつカード 4 枚から 2 枚を選ぶ方法は $_4C_2$ 通りある. 残りの 3 枚はすべて異なる数であり, 12 個の数の中から 3 個を選ぶ方法は $_{12}C_3$ 通りあり, これらの数についてそれぞれ柄の選び方が $_4C_1$ 通りある. したがって, 求める確率は

$$\frac{\{_{13}C_1 \cdot _4C_2\} \cdot \{_{12}C_3 \cdot (_4C_1)^3\}}{_{52}C_5}$$

$$= \frac{13 \cdot \dfrac{4 \cdot 3}{2 \cdot 1} \cdot \dfrac{12 \cdot 11 \cdot 10}{3 \cdot 2 \cdot 1} \cdot 4^3}{\dfrac{52 \cdot 51 \cdot 50 \cdot 49 \cdot 48}{5 \cdot 4 \cdot 3 \cdot 2 \cdot 1}}$$

$$= \frac{352}{833}$$

である.

(3) 柄を 1 つ選ぶ選び方は $_4C_1$ 通りあり, この柄の 13 枚の中から 5 枚を選ぶ選び方は $_{13}C_5$ 通りある. したがって, 求める確率は

$$\frac{_4C_1 \cdot _{13}C_5}{_{52}C_5} = \frac{4 \cdot \dfrac{13 \cdot 12 \cdot 11 \cdot 10 \cdot 9}{5 \cdot 4 \cdot 3 \cdot 2 \cdot 1}}{\dfrac{52 \cdot 51 \cdot 50 \cdot 49 \cdot 48}{5 \cdot 4 \cdot 3 \cdot 2 \cdot 1}}$$

$$= \frac{33}{16660}$$

である.

3.16　(1) 3 種類の色の玉が取り出されるのは,
（白玉が 2 つ, 赤玉と黒玉が 1 つずつ),
（赤玉が 2 つ, 白玉と黒玉が 1 つずつ),
（黒玉が 2 つ, 赤玉と白玉が 1 つずつ)
の 3 つの場合であるから, 求める確率は

$$\frac{_4C_2 \cdot _3C_1 \cdot _2C_1 + _4C_1 \cdot _3C_2 \cdot _2C_1 + _4C_1 \cdot _3C_1 \cdot _2C_2}{_9C_4}$$

$$= \frac{4}{7}$$

(2) 4 個とも同じ色の玉が取り出されるのは, 4 個とも白玉のときだけであるから, その確率は $\dfrac{_4C_4}{_9C_4} = \dfrac{1}{126}$ である. したがって, 求

める確率は

$$1 - \frac{4}{7} - \frac{1}{126} = \frac{53}{126}$$

3.17 赤玉，赤玉，白玉の順序で取り出される確率は，

$$\frac{4}{7} \cdot \frac{5}{8} \cdot \frac{3}{9}$$

赤玉，白玉，赤玉の順序で取り出される確率は，

$$\frac{4}{7} \cdot \frac{3}{8} \cdot \frac{5}{9}$$

白玉，赤玉，赤玉の順序で取り出される確率は，

$$\frac{3}{7} \cdot \frac{4}{8} \cdot \frac{5}{9}$$

である．求める確率は，これらの確率の和であるから，$\frac{5}{14}$ となる．

3.18 3 個の赤玉を R_1, R_2, R_3, 2 個の白玉を W_1, W_2 として，これら 5 個の玉を 1 列に並べる．このとき，この並べ方の総数は $5!$ であり，一番右側に赤玉が来る並べ方の総数は $4! \cdot 3$ である．したがって，求める確率は $\frac{4! \cdot 3}{5!} = \frac{3}{5}$ となる（何回目の試行であっても，赤玉が取り出される確率は常に $\frac{3}{5}$ である）．

3.19 (1) $p(n) = {}_{2n}C_n \left(\frac{1}{2}\right)^{2n}$ であるから，

$p(1) = {}_2C_1 \left(\frac{1}{2}\right)^2 = \frac{1}{2}$, $p(2) = {}_4C_2 \left(\frac{1}{2}\right)^4$
$= \frac{3}{8}$, $p(3) = {}_6C_3 \left(\frac{1}{2}\right)^6 = \frac{5}{16}$ となる．

(2) $$\frac{p(n)}{p(n+1)} = \frac{{}_{2n}C_n \left(\frac{1}{2}\right)^{2n}}{{}_{2(n+1)}C_{n+1} \left(\frac{1}{2}\right)^{2(n+1)}}$$

$$= \frac{\dfrac{(2n)!}{n!n! \cdot 2^{2n}}}{\dfrac{(2n+2)!}{(n+1)!(n+1)! \cdot 2^{2n+2}}}$$

$$= \frac{2n+2}{2n+1}$$

(3) (2) の結果から，$\dfrac{p(n)}{p(n+1)} = \dfrac{2n+2}{2n+1} >$

1 である．よって，$p(n) > p(n+1)$ が成り立つ．

3.20 取り出し方は全部で $5 \cdot 7 = 35$ 通りある．

(1) $a + b$ が偶数になるためには，「a と b が偶数」であるか，「a と b が奇数」でなければならない．よって，求める確率は $\frac{2 \cdot 3 + 3 \cdot 4}{35} = \frac{18}{35}$ となる．

(2) ab が 3 の倍数になるためには，a と b の少なくとも片方が 3 の倍数でなければならない．a が 3 の倍数になる取り出し方の総数は $1 \cdot 7 = 7$ 通り，b が 3 の倍数になる取り出し方の総数は $5 \cdot 2 = 10$ 通り，a と b が両方とも 3 の倍数になる取り出し方の総数は $1 \cdot 2 = 2$ 通りであるから，求める確率は $\frac{7 + 10 - 2}{35} = \frac{3}{7}$ となる．

(3) $a^2 + b^2 < 25$ となる (a, b) の組は，$(1, 1)$, $(1, 2)$, $(1, 3)$, $(1, 4)$, $(2, 1)$, $(2, 2)$, $(2, 3)$, $(2, 4)$, $(3, 1)$, $(3, 2)$, $(3, 3)$, $(4, 1)$, $(4, 2)$ の 13 組である．したがって，求める確率は $\frac{13}{35}$ となる．

3.21 (1) x, y, z, w が $-1, 1, 2$ のいずれかの値をとるとき，$x + y + z + w = 8$ となる組は $(x, y, z, w) = (2, 2, 2, 2)$ だけである．よって，求める確率は $\left(\frac{1}{6}\right)^4 = \frac{1}{1296}$ となる．

(2) (1) と同様にして，$x + y + z + w = -2$ となる組は，$(x, y, z, w) = (-1, -1, -1, 1)$, $(-1, -1, 1, -1)$, $(-1, 1, -1, -1)$, $(1, -1, -1, -1)$ の 4 組である．よって，求める確率は $4 \cdot \frac{1}{3} \cdot \left(\frac{1}{2}\right)^3 = \frac{1}{6}$ となる．

(3) (1) と同様にして，$x + y + z + w = 5$ となる組は，$(x, y, z, w) = (2, 2, 2, -1)$, $(2, 2, -1, 2)$, $(2, -1, 2, 2)$, $(-1, 2, 2, 2)$ の 4 組と，$(x, y, z, w) = (2, 1, 1, 1)$, $(1, 2, 1, 1)$, $(1, 1, 2, 1)$, $(1, 1, 1, 2)$ の 4 組である．よって，求める確率は $4 \cdot \left(\frac{1}{6}\right)^3 \cdot \frac{1}{2} + 4 \cdot \frac{1}{6} \cdot \left(\frac{1}{3}\right)^3 = \frac{11}{324}$ となる．

3.22 (1) 1 回戦で A が B に勝って，C が D に勝ち，2 回戦で A が C に勝つ確率は，

$0.9 \cdot 0.4 \cdot 0.8$.

1回戦で A が B に勝って，D が C に勝ち，2回戦で A が D に勝つ確率は，$0.9 \cdot 0.6 \cdot 0.7$. A が優勝する確率は，これらの確率の和であるから，0.666 となる.

(2) (1) と同様にして，1回戦で A と C および B と D が当たるトーナメント戦のとき，A が優勝する確率は

$$0.8 \cdot 0.5 \cdot 0.9 + 0.8 \cdot 0.5 \cdot 0.7 = 0.64$$

1回戦で A と D および B と C が当たるトーナメント戦のとき，A が優勝する確率は

$$0.7 \cdot 0.6 \cdot 0.9 + 0.7 \cdot 0.4 \cdot 0.8 = 0.602$$

トーナメントの作り方は 3 通りであるから，求める確率は

$$\frac{1}{3} \cdot 0.666 + \frac{1}{3} \cdot 0.64 + \frac{1}{3} \cdot 0.602 = 0.636$$

3.23 A と B がジャンケンをして "あいこ" にならない場合は 6 通りある.

(1) ジャンケンを 3 回したときに A も B も 2段目にいるためには，「A がグーで 2 回勝ち，B がチョキで 1 回勝つ」か，「B がグーで 2 回勝ち，A がチョキで 1 回勝つ」場合だけであるから，求める確率は

$${}_3\mathrm{C}_2 \cdot \left(\frac{1}{6}\right)^2 \cdot \frac{1}{6} + {}_3\mathrm{C}_2 \cdot \left(\frac{1}{6}\right)^2 \cdot \frac{1}{6} = \frac{1}{36}$$

(2) A が 2 段目にいるのは，「A が 2 回グーで勝ち，1 回は B が勝つ」か，「A が 1 回チョキで勝ち，2 回は B が勝つ」場合だけである. その確率は

$${}_3\mathrm{C}_2 \cdot \left(\frac{1}{6}\right)^2 \cdot \frac{1}{2} + {}_3\mathrm{C}_1 \cdot \frac{1}{6} \cdot \left(\frac{1}{2}\right)^2 = \frac{1}{6}$$

(1) の結果から，A と B 両方とも 2 段目にいる確率は $\frac{1}{36}$ である. よって，求める確率は

$$\frac{1}{6} - \frac{1}{36} = \frac{5}{36}$$

(3) A と B が同じ段にいるのは，(1) で考えた A も B も 2 段目にいる場合だけである. また，「A が B よりも上の段にいる確率」と「B が A よりも上の段にいる確率」は同じである. したがって，求める確率は

$$\left(1 - \frac{1}{36}\right) \cdot \frac{1}{2} = \frac{35}{72}$$

3.24 送信機が信号 0 を送信する事象を A，受信機が信号 1 を受信する事象を B とすると，送信機が信号 1 を送信する事象は $\overline{A}$，受信機が信号 0 を受信する事象は $\overline{B}$ であり，

$$P(A) = 0.4, \quad P(\overline{A}) = 0.6,$$
$$P(B|A) = 0.10, \quad P(\overline{B}|A) = 0.90,$$
$$P(B|\overline{A}) = 0.85, \quad P(\overline{B}|\overline{A}) = 0.15$$

である.

(1)

$$\begin{aligned}
P(B) &= P(A \cap B) + P(\overline{A} \cap B) \\
&= P(A) \cdot P(B|A) + P(\overline{A}) \cdot P(B|\overline{A}) \\
&= 0.4 \cdot 0.10 + 0.6 \cdot 0.85 = \frac{11}{20}
\end{aligned}$$

(2) ベイズの定理から，

$$\begin{aligned}
P(A|B) &= \frac{P(B \cap A)}{P(B)} \\
&= \frac{P(A) \cdot P(B|A)}{P(B)} \\
&= \frac{0.4 \cdot 0.10}{0.55} = \frac{4}{55}
\end{aligned}$$

3.25 製品が規格外であるという事象を A，製品が検査で合格するという事象を B とする. 条件より，$P(A) = 0.1$, $P(\overline{A}) = 0.9$, $P(B|A) = 0.13$, $P(B|\overline{A}) = 0.97$ である. 求める確率は，ベイズの定理から

$$\begin{aligned}
P(A|B) &= \frac{P(A) \cdot P(A|B)}{P(A) \cdot P(B|A) + P(\overline{A}) \cdot P(B|\overline{A})} \\
&= \frac{0.1 \cdot 0.13}{0.1 \cdot 0.13 + 0.9 \cdot 0.97} \\
&= \frac{13}{886}
\end{aligned}$$

3.26 黒い袋から玉を取り出す事象を K，茶色の袋から玉を取り出す事象を N，赤玉を取り出す事象を R，白玉を取り出す事象を W とすると，

$$P(K) = \frac{1}{3}, \quad P(N) = \frac{2}{3},$$
$$P(R|K) = \frac{3}{10}, \quad P(W|K) = \frac{7}{10},$$
$$P(R|N) = \frac{11}{15}, \quad P(W|N) = \frac{4}{15}$$

(1) $P(R) = P(K \cap R) + P(N \cap R)$

$\qquad = P(K) \cdot P(R|K) + P(N) \cdot P(R|N)$

$\qquad = \dfrac{1}{3} \cdot \dfrac{3}{10} + \dfrac{2}{3} \cdot \dfrac{11}{15} = \dfrac{53}{90}$

(2) 求める確率は $P(K|R) = \dfrac{P(R \cap K)}{P(R)}$ である.

$P(R \cap K) = P(K) \cdot P(R|K) = \dfrac{1}{3} \cdot \dfrac{3}{10} = \dfrac{1}{10}$

であり, (1) の結果から $P(R) = \dfrac{53}{90}$ である

から,

$$P(K|R) = \dfrac{\dfrac{1}{10}}{\dfrac{53}{90}} = \dfrac{9}{53}$$

3.27 (1) 1 回目に赤玉 3 個, 2 回目にも赤玉
3 個を取り出す確率は,

$$\dfrac{_6C_3}{_{10}C_3} \cdot \dfrac{_3C_3}{_{10}C_3} = \dfrac{1}{720}$$

1 回目に赤玉 2 個と白玉 1 個, 2 回目に赤玉
3 個を取り出す確率は,

$$\dfrac{_6C_2 \cdot _4C_1}{_{10}C_3} \cdot \dfrac{_5C_3}{_{10}C_3} = \dfrac{1}{24}$$

1 回目に赤玉 1 個と白玉 2 個, 2 回目に赤玉
3 個を取り出す確率は,

$$\dfrac{_6C_1 \cdot _4C_2}{_{10}C_3} \cdot \dfrac{_7C_3}{_{10}C_3} = \dfrac{7}{80}$$

1 回目に白玉 3 個, 2 回目に赤玉 3 個を取り
出す確率は,

$$\dfrac{_4C_3}{_{10}C_3} \cdot \dfrac{_9C_3}{_{10}C_3} = \dfrac{7}{300}$$

求める確率は, これらの確率の和であるから,

$$\dfrac{1}{720} + \dfrac{1}{24} + \dfrac{7}{80} + \dfrac{7}{300} = \dfrac{277}{1800}$$

(2) 1 回目に赤玉 3 個を取り出す事象を A,
2 回目に赤玉 3 個を取り出す事象を B とす
ると, (1) の結果から, $P(A \cap B) = \dfrac{1}{720}$,
$P(B) = \dfrac{277}{1800}$ であるから, 求める確率は

$$P(A|B) = \dfrac{P(A \cap B)}{P(B)} = \dfrac{\dfrac{1}{720}}{\dfrac{277}{1800}} = \dfrac{5}{554}$$

3.28 検査 B を受ける人が病気 A を発症して
いる事象を A, 検査の結果が陽性である事象
を Y とする. 求める確率は, ベイズの定理
から,

$P(A|Y) = \dfrac{P(A \cap Y)}{P(Y)}$

$\qquad = \dfrac{P(A \cap Y)}{P(A \cap Y) + P(\overline{A} \cap Y)}$

$\qquad = \dfrac{P(A) \cdot P(Y|A)}{P(A) \cdot P(Y|A) + P(\overline{A}) \cdot P(Y|\overline{A})}$

$\qquad = \dfrac{\dfrac{1}{10^4} \cdot \dfrac{99}{100}}{\dfrac{1}{10^4} \cdot \dfrac{99}{100} + \dfrac{9999}{10^4} \cdot \dfrac{1}{100}}$

$\qquad = \dfrac{1}{102}$

である.

[note] このことから, 非常に発症率の低
い病気については, 高い精度の検査であっ
ても, 検査結果の使い方には注意が必要で
あることがわかる.

第 4 節 確率変数と確率分布

4.1

(1)

X	1	2	3	4	5	6	7	8	計
確率	$\dfrac{1}{8}$	$\dfrac{1}{8}$	$\dfrac{1}{8}$	$\dfrac{1}{8}$	$\dfrac{1}{8}$	$\dfrac{1}{8}$	$\dfrac{1}{8}$	$\dfrac{1}{8}$	1

(2)

X	0	1	2	3	4	計
確率	$\dfrac{1}{8}$	$\dfrac{1}{4}$	$\dfrac{1}{4}$	$\dfrac{1}{4}$	$\dfrac{1}{8}$	1

(3)

X	1	2	3	4	5	6	8	10	12	計
確率	$\dfrac{1}{12}$	$\dfrac{1}{6}$	$\dfrac{1}{12}$	$\dfrac{1}{6}$	$\dfrac{1}{12}$	$\dfrac{1}{6}$	$\dfrac{1}{12}$	$\dfrac{1}{12}$	$\dfrac{1}{12}$	1

(4)

X	-5	-4	-3	-2	-1	0
確率	$\dfrac{1}{36}$	$\dfrac{1}{18}$	$\dfrac{1}{12}$	$\dfrac{1}{9}$	$\dfrac{5}{36}$	$\dfrac{1}{6}$
1	2	3	4	5	計
$\dfrac{5}{36}$	$\dfrac{1}{9}$	$\dfrac{1}{12}$	$\dfrac{1}{18}$	$\dfrac{1}{36}$	1

4.2 (1) $a = \dfrac{1}{6}$ (2) $\dfrac{2}{3}$

4.3 (1) $\dfrac{9}{2}$ (2) 2   (3) $\dfrac{21}{4}$ (4) 0

4.4 $E[X] = \displaystyle\int_0^2 x \cdot \frac{3}{8} x^2 \, dx = \frac{3}{2}$

4.5 (1) $\dfrac{2}{3}$　(2) $\dfrac{8}{9}$　(3) $\dfrac{7}{3}$　(4) $\dfrac{29}{9}$

4.6 $E[X] = \dfrac{3}{2}$, $V[X] = \dfrac{11}{12}$, $\sigma[X] = \dfrac{\sqrt{33}}{6}$

4.7 (1) $E[X^2] = \dfrac{12}{5}$　(2) $V[X] = \dfrac{3}{20}$

(3) $\sigma[X] = \dfrac{\sqrt{15}}{10}$

4.8

$X^{\diagdown Y}$	0	1	計
0	$\dfrac{9}{25}$	$\dfrac{6}{25}$	$\dfrac{3}{5}$
1	$\dfrac{6}{25}$	$\dfrac{4}{25}$	$\dfrac{2}{5}$
計	$\dfrac{3}{5}$	$\dfrac{2}{5}$	1

X, Y は互いに独立である.

4.9

r_k	0	1		2
(x_i, y_j)	$(0,0)$	$(0,1)$	$(1,0)$	$(1,1)$
$P(X = x_i, Y = y_j)$	$\dfrac{9}{25}$	$\dfrac{6}{25}$	$\dfrac{6}{25}$	$\dfrac{4}{25}$
$P(X + Y = r_k)$	$\dfrac{9}{25}$	$\dfrac{12}{25}$		$\dfrac{4}{25}$

$E[X + Y] = \dfrac{4}{5}$

4.10 XY の確率分布表は次のようになる.

r_k	0			1	計
(x_i, y_j)	$(0,0)$	$(0,1)$	$(1,0)$	$(1,1)$	
$P(X = x_i,$ $Y = y_j)$	$\dfrac{9}{25}$	$\dfrac{6}{25}$	$\dfrac{6}{25}$	$\dfrac{4}{25}$	1
$P(XY = r_k)$		$\dfrac{21}{25}$		$\dfrac{4}{25}$	1
$r_k \cdot P(XY = r_k)$		0		$\dfrac{4}{25}$	$\dfrac{4}{25}$

よって, $E[XY] = \dfrac{4}{25}$ である.

4.11 $E[X + Y] = 4$, $E[XY] = \dfrac{11}{3}$

4.12 X と Y は互いに独立で, $V[X] = \dfrac{2}{3}$, $V[Y] = \dfrac{1}{4}$ であるから, $V[X+Y] = V[X] + V[Y] = \dfrac{11}{12}$ である.

4.13 (1) X の確率分布表は

X	0	1	2	3	4	5	計
確率	$\dfrac{7}{18}$	$\dfrac{5}{18}$	$\dfrac{1}{6}$	$\dfrac{1}{12}$	$\dfrac{1}{18}$	$\dfrac{1}{36}$	1

であり, $E[X] = \dfrac{11}{9}$, $V[X] = E[X^2] - (E[X])^2 = \dfrac{59}{18} - \left(\dfrac{11}{9}\right)^2 = \dfrac{289}{162}$ である.

(2) X の確率分布表は

X	0	5	8	9	計
確率	$\dfrac{1}{32}$	$\dfrac{3}{16}$	$\dfrac{15}{32}$	$\dfrac{5}{16}$	1

であり, $E[X] = \dfrac{15}{2}$, $V[X] = E[X^2] - (E[X])^2 = 60 - \left(\dfrac{15}{2}\right)^2 = \dfrac{15}{4}$ である.

(3) X の確率分布表は

X	2	3	4	6	8	9	10
確率	$\dfrac{1}{12}$	$\dfrac{1}{12}$	$\dfrac{1}{12}$	$\dfrac{1}{6}$	$\dfrac{1}{12}$	$\dfrac{1}{12}$	$\dfrac{1}{12}$

12	15	18	計
$\dfrac{1}{6}$	$\dfrac{1}{12}$	$\dfrac{1}{12}$	1

であり, $E[X] = \dfrac{35}{4}$, $V[X] = E[X^2] - (E[X])^2 = \dfrac{1183}{12} - \left(\dfrac{35}{4}\right)^2 = \dfrac{1057}{48}$ である.

(4) X の確率分布表は

X	0	1	4	9	16	25	計
確率	$\dfrac{1}{6}$	$\dfrac{5}{18}$	$\dfrac{2}{9}$	$\dfrac{1}{6}$	$\dfrac{1}{9}$	$\dfrac{1}{18}$	1

であり, $E[X] = \dfrac{35}{6}$, $V[X] = E[X^2] - (E[X])^2 = \dfrac{161}{2} - \left(\dfrac{35}{6}\right)^2 = \dfrac{1673}{36}$ である.

4.14 同時確率分布表は次のとおりである.

$X^{\diagdown Y}$	2	3	計
1	$\dfrac{1}{18}$	$\dfrac{1}{9}$	$\dfrac{1}{6}$
2	$\dfrac{5}{18}$	$\dfrac{5}{9}$	$\dfrac{5}{6}$
計	$\dfrac{1}{3}$	$\dfrac{2}{3}$	1

4.15 (1) (X, Y) の同時確率分布表は次のよう

になる.

X＼Y	0	1	計
0	$\frac{1}{6}$	$\frac{1}{3}$	$\frac{1}{2}$
1	$\frac{1}{6}$	$\frac{1}{3}$	$\frac{1}{2}$
計	$\frac{1}{3}$	$\frac{2}{3}$	1

すべての (x, y) について $P(X = x, Y = y) = P(X = x) \cdot P(Y = y)$ が成り立つので,X と Y は互いに独立である.

(2) $P(X = 1, Y = 2) = \frac{3}{10}$,

$P(X = 1)P(Y = 2) = \frac{3}{5} \cdot \frac{1}{3} = \frac{1}{5}$ より,互いに独立ではない.

4.16 $X + Y$ の確率分布表は次のようになる.

r_k	0	1		2	計
(x_i, y_j)	$(0,0)$	$(0,1)$	$(1,0)$	$(1,1)$	
$P(X = x_i, Y = y_j)$	$\frac{2}{5}$	$\frac{4}{15}$	$\frac{4}{15}$	$\frac{1}{15}$	1
$P(X + Y = r_k)$	$\frac{2}{5}$	$\frac{8}{15}$		$\frac{1}{15}$	1
$r_k \cdot P(X + Y = r_k)$	0	$\frac{8}{15}$		$\frac{2}{15}$	$\frac{2}{3}$

よって,$E[X + Y] = \frac{2}{3}$ である.

4.17 X の確率密度関数を $f(x)$ とし,$\mu = E[X]$ とおくと,

$$V[X] = \int_{-\infty}^{\infty} (x - \mu)^2 f(x)\, dx$$
$$= \int_{-\infty}^{\infty} (x^2 - 2\mu x + \mu^2) f(x)\, dx$$
$$= \int_{-\infty}^{\infty} x^2 f(x)\, dx - 2\mu \int_{-\infty}^{\infty} x f(x)\, dx$$
$$+ \mu^2 \int_{-\infty}^{\infty} f(x)\, dx$$

となる.ここで,$\int_{-\infty}^{\infty} x f(x)\, dx = \mu$,

$\int_{-\infty}^{\infty} f(x)\, dx = 1$ であるから,

$$V[X] = \int_{-\infty}^{\infty} x^2 f(x)\, dx - 2\mu^2 + \mu^2$$
$$= E[X^2] - (E[X])^2$$

4.18 (1) $E[X] = \int_{-\infty}^{\infty} x f(x)\, dx$

$$= \int_{-2}^{2} \frac{3}{16} x^3\, dx = 0,$$

$$E[X^2] = \int_{-\infty}^{\infty} x^2 f(x)\, dx = \int_{-2}^{2} \frac{3}{16} x^4\, dx =$$

$$2 \int_{0}^{2} \frac{3}{16} x^4\, dx = \frac{12}{5}$$

から,$V[X] = \frac{12}{5}$ となる.

(2) $E[X] = \int_{-\infty}^{\infty} x f(x)\, dx = \int_{0}^{10} \frac{1}{10} x\, dx$
$= 5$,

$$E[X^2] = \int_{-\infty}^{\infty} x^2 f(x)\, dx = \int_{0}^{10} \frac{1}{10} x^2\, dx =$$

$$\frac{100}{3}$$

から,$V[X] = E[X^2] - (E[X])^2 = \frac{25}{3}$ となる.

(3) 部分積分によって,

$$E[X] = \int_{0}^{\infty} x e^{-x}\, dx$$
$$= \left[-x e^{-x} \right]_{0}^{\infty} + \int_{0}^{\infty} e^{-x}\, dx$$

ここで,ロピタルの定理から $\left[-x e^{-x} \right]_{0}^{\infty} = \lim_{x \to \infty} \left(-\frac{x}{e^x} \right) = \lim_{x \to \infty} \left(-\frac{1}{e^x} \right) = 0$ である.よって,

$$E[X] = 0 + \left[-e^{-x} \right]_{0}^{\infty} = 1$$

となる.また,部分積分によって,

$$E[X^2] = \int_{0}^{\infty} x^2 e^{-x}\, dx$$
$$= \left[-x^2 e^{-x} \right]_{0}^{\infty} + \int_{0}^{\infty} 2x e^{-x}\, dx$$

ここで,ロピタルの定理から

$$\left[-x^2 e^{-x} \right]_{0}^{\infty} = \lim_{x \to \infty} \left(-\frac{x^2}{e^x} \right)$$
$$= \lim_{x \to \infty} \left(-\frac{2x}{e^x} \right)$$
$$= \lim_{x \to \infty} \left(-\frac{2}{e^x} \right) = 0$$

であり,上の結果から $\int_{0}^{\infty} 2x e^{-x} dx =$

$2E[X] = 2$ である．よって，$E[X^2] = 2$ であるから，$V[X] = 1$ となる．

4.19　(1) $\displaystyle\int_{-\infty}^{\infty} f(x)\,dx$

$\displaystyle = \int_{-2}^{0} \frac{a}{2}(x+2)\,dx + \int_{0}^{2}\left\{-\frac{a}{2}(x-2)\right\}dx$

$\displaystyle = \left[\frac{a}{4}(x+2)^2\right]_{-2}^{0} - \left[\frac{a}{4}(x-2)^2\right]_{0}^{2}$

$= 2a$

であるから，$2a = 1$．よって，$a = \dfrac{1}{2}$ となる．

(2) $P(1 \le X \le 2) = -\dfrac{1}{4}\displaystyle\int_{1}^{2}(x-2)\,dx = \dfrac{1}{8}$

4.20　$x < 0$ のとき，

$$F(x) = \int_{-\infty}^{x} f(t)\,dt = \int_{-\infty}^{x} 0\,dt = 0$$

$0 \le x < 1$ のとき，

$$F(x) = \int_{-\infty}^{x} f(t)\,dt = \int_{0}^{x} \frac{1}{2}\,dt = \frac{1}{2}x$$

$1 \le x < 2$ のとき，

$$F(x) = \int_{-\infty}^{x} f(t)\,dt = \int_{0}^{1} \frac{1}{2}\,dt = \frac{1}{2}$$

$2 \le x < 3$ のとき，

$$F(x) = \int_{-\infty}^{x} f(t)\,dt$$

$$= \int_{0}^{1} \frac{1}{2}\,dt + \int_{2}^{x} \frac{1}{2}\,dt$$

$$= \frac{1}{2} + \frac{1}{2}(x-2)$$

$x \ge 3$ のとき，

$$F(x) = \int_{-\infty}^{x} f(t)\,dt$$

$$= \int_{0}^{1} \frac{1}{2}\,dt + \int_{2}^{3} \frac{1}{2}\,dt = 1$$

以上をまとめて，

$$F(x) = \begin{cases} 0 & (x < 0) \\ \dfrac{1}{2}x & (0 \le x < 1) \\ \dfrac{1}{2} & (1 \le x < 2) \\ \dfrac{1}{2}x - \dfrac{1}{2} & (2 \le x < 3) \\ 1 & (x \ge 3) \end{cases}$$

4.21　(1) $P(1 \le X \le 2) = F(2) - F(1) =$
$(1-e^{-4}) - (1-e^{-2}) = \dfrac{1}{e^2} - \dfrac{1}{e^4} = \dfrac{e^2-1}{e^4}$

(2) X の確率密度関数を $f(x)$ とすると，
$f(x) = \dfrac{d}{dx}F(x)$ から，

$$f(x) = \begin{cases} 0 & (x < 0) \\ 2e^{-2x} & (x \ge 0) \end{cases}$$

（ただし，$x = 0$ については，どちらの場合に含めてもよい．）

(3) 部分積分によって，

$$E[X] = \int_{0}^{\infty} x \cdot 2e^{-2x}\,dx$$

$$= \left[x \cdot (-e^{-2x})\right]_{0}^{\infty} - \int_{0}^{\infty}(-e^{-2x})\,dx$$

である．ロピタルの定理から，

$$\left[x \cdot (-e^{-2x})\right]_{0}^{\infty} = \lim_{x \to \infty}\left(-\frac{x}{e^{2x}}\right)$$

$$= \lim_{x \to \infty}\left(-\frac{1}{2e^{2x}}\right)$$

$$= 0$$

である．よって，

$$E[X] = -\int_{0}^{\infty}(-e^{-2x})\,dx$$

$$= \left[-\frac{1}{2}e^{-2x}\right]_{0}^{\infty} = \frac{1}{2}$$

4.22　(1) $Z = 100X + 10Y$

(2) $X,\ Y$ はそれぞれ二項分布 $B\left(m, \dfrac{1}{2}\right)$，
$B\left(n, \dfrac{1}{2}\right)$ に従うので，$E[X] = \dfrac{m}{2}$，$E[Y] = \dfrac{n}{2}$ である．

(3) $E[Z] = 100E[X] + 10E[Y] = 50m + 5n$ [円]

4.23　(1) i 枚目の板の厚さを X_i [mm] とすると，5 枚の板の厚さは $X = \displaystyle\sum_{i=1}^{5} X_i$ である．

$X_1, X_2, \ldots, X_5$ は独立であるから，

$$E[X] = 5 \cdot 1.70 = 8.50 \text{ [mm]}$$

$$\sigma[X] = \sqrt{5} \cdot 0.030 \fallingdotseq 0.067 \text{ [mm]}$$

である.

(2) 板 A, B の厚さをそれぞれ X_1, X_2 とすると, $X = X_1 + X_2$ であり, X_1, X_2 は互いに独立であるから,

$$E[X] = 1.70 + 4.50 = 6.20 \,[\text{mm}]$$

$$\sigma[X] = \sqrt{0.030^2 + 0.050^2} \fallingdotseq 0.058 \,[\text{mm}]$$

である.

4.24 共分散の定義から,

c_{xy}
$$= E[(X - E[X])(Y - E[Y])]$$
$$= E[(XY - E[X]Y - E[Y]X + E[X]E[Y])]$$
$$= E[XY] - E[X]E[Y]$$
$$\quad - E[Y]E[X] + E[X]E[Y]$$
$$= E[XY] - E[X]E[Y]$$

である.

4.25 (1) X と Y が互いに独立であれば,
$c_{xy} = E[XY] - E[X]E[Y] = 0$ であるから,
$r_{xy} = \dfrac{c_{xy}}{s_x \cdot s_y} = 0$ となる.

(2) $Y = aX + b \ (a > 0)$ のとき,

$$E[Y] = E[aX + b] = aE[X] + b,$$
$$E[XY] = E[X(aX + b)]$$
$$\qquad = aE[X^2] + bE[X]$$

が成り立つので,

c_{xy}
$$= E[XY] - E[X]E[Y]$$
$$= (aE[X^2] + bE[X]) - E[X](aE[X] + b)$$
$$= a(E[X^2] - E[X]^2)$$
$$= aV[X] = as_x^2$$

である. また,

$$s_y^2 = V[Y] = V[aX + b] = a^2 V[X]$$
$$\qquad = a^2 s_x^2$$

から, $s_y = |a|s_x = as_x$ である. したがって,

$$r_{xy} = \frac{c_{xy}}{s_x \cdot s_y} = \frac{as_x^2}{as_x^2} = 1$$

である.

(3) $Y = aX + b \ (a < 0)$ のとき, (2) と同様にして, $c_{xy} = as_x^2$, $s_y = |a|s_x = -as_x$ が得られるので,

$$r_{xy} = \frac{c_{xy}}{s_x \cdot s_y} = \frac{as_x^2}{-as_x^2} = -1$$

である.

4.26 同時確率分布表は次のとおり.

X\Y	1	0	計
1	$\dfrac{1}{6}$	$\dfrac{1}{3}$	$\dfrac{1}{2}$
0	$\dfrac{1}{3}$	$\dfrac{1}{6}$	$\dfrac{1}{2}$
計	$\dfrac{1}{2}$	$\dfrac{1}{2}$	1

$V[X] = V[Y] = \dfrac{1}{4}$, $c_{xy} = E[XY] - E[X]E[Y] = \dfrac{1}{6} - \left(\dfrac{1}{2}\right)^2 = -\dfrac{1}{12}$

したがって, $r_{xy} = \dfrac{c_{xy}}{s_x \cdot s_y} = \dfrac{-\dfrac{1}{12}}{\dfrac{1}{4}} = -\dfrac{1}{3}$ である.

4.27 (1) $\displaystyle\int_0^\infty \left\{ \int_0^\infty e^{k(x+y)} \, dy \right\} dx$

$$= \int_0^\infty \left\{ e^{kx} \int_0^\infty e^{ky} \, dy \right\} dx$$

$$= \int_0^\infty e^{kx} \, dx \int_0^\infty e^{ky} \, dy$$

$$= \frac{1}{k} \left[e^{kx} \right]_0^\infty \cdot \frac{1}{k} \left[e^{ky} \right]_0^\infty$$

$$= \frac{1}{k^2}$$

である. 確率密度関数の性質から, この積分は 1 に等しいので, $k = -1$ となる.

(2) $y < 0$ のときは $f(x, y) = 0$ であるから,
$f_Y(y) = \displaystyle\int_0^\infty 0 \, dx = 0$ である.

$y \geqq 0$ のときは,

$$f_Y(y) = \int_0^\infty e^{-x-y} \, dx$$

$$= e^{-y} \int_0^\infty e^{-x} \, dxn$$

$$= e^{-y} \left[-e^{-x} \right]_0^\infty = e^{-y}$$

となる．したがって，求める周辺確率密度関数は

$$f_X(x) = \begin{cases} e^{-y} & (y \geqq 0) \\ 0 & (y < 0) \end{cases}$$

となる．

(3) $P(Y \leqq 1) = \int_0^1 e^{-y} \, dy$

$$= \left[-e^{-y} \right]_0^1 = 1 - \frac{1}{e}$$

第5節　いろいろな確率分布

5.1 確率分布は

$$P(X = k) = {}_4C_k \left(\frac{5}{18} \right)^k \left(\frac{13}{18} \right)^{4-k}$$

$$(k = 0, 1, 2, 3, 4)$$

である．平均と分散は，$E[X] = \dfrac{10}{9}$, $V[X] = \dfrac{65}{81}$ である．

5.2 (1) $e^{-1.5} \fallingdotseq 0.2231$

(2) $1.5e^{-1.5} \fallingdotseq 0.3347$

(3) $1 - \dfrac{29}{8} e^{-1.5} \fallingdotseq 0.1912$

5.3 (1) 0.2046　(2) 0.8871　(3) 0.1075

(4) 0.9808

5.4 (1) 1.98　(2) 2.034

5.5 (1) 2.457　(2) 0.3692　(3) -1.019

5.6 (1) 0.4938　(2) 0.1525　(3) 0.8413

5.7 (1) 1.150　(2) 0.4261

5.8 (1) 33 番目　(2) およそ 65 点

5.9 1 または 6 の目が出る回数を X とすると，

$$P(92 \leqq X \leqq 100)$$

$$\fallingdotseq P \left(\frac{92 - 0.5 - 288 \cdot \frac{1}{3}}{\sqrt{288 \cdot \frac{1}{3} \cdot \frac{2}{3}}} \right.$$

$$\left. \leqq Z \leqq \frac{100 + 0.5 - 288 \cdot \frac{1}{3}}{\sqrt{288 \cdot \frac{1}{3} \cdot \frac{2}{3}}} \right)$$

$$= P(-0.5625 \leqq Z \leqq 0.5625)$$

$$\fallingdotseq 2P(0 \leqq Z \leqq 0.56)$$

$$= 2 \cdot 0.2123 = 0.4246$$

よって，求める近似値は 0.42.

5.10 i 回目のさいころの目の数を X_i ($i = 1, 2, \ldots, 60$) とすると，$\overline{X} = \dfrac{1}{60} \sum_{i=1}^{60} X_i$ である．$X_1, X_2, \ldots, X_{60}$ は互いに独立であり，すべての i について $E[X_i] = \dfrac{7}{2}$, $V[X_i] = \dfrac{35}{12}$ であるから，

$$E[\overline{X}] = \frac{1}{60} \sum_{i=1}^{60} E[X_i] = \frac{7}{2},$$

$$V[\overline{X}] = \left(\frac{1}{60} \right)^2 \sum_{i=1}^{60} V[X_i] = \frac{1}{60} \cdot \frac{35}{12}$$

$$= \frac{7}{144}$$

である．

5.11 男子生徒の数を X とすると，$np \fallingdotseq 205.2$, $\sqrt{np(1-p)} \fallingdotseq 10$ であるから，X は近似的に正規分布 $N(205.2, 10^2)$ に従う．X を標準化して $Z = \dfrac{X - 205.2}{10}$ とおくと，求める確率は

$$P(195 \leqq X \leqq 205)$$

$$= P \left(\frac{195 - 0.5 - 205.2}{10} \right.$$

$$\left. \leqq Z \leqq \frac{205 + 0.5 - 205.2}{10} \right)$$

$$= P(-1.07 \leqq Z \leqq 0.03)$$

$$= P(-1.07 \leqq Z \leqq 0.00)$$

$$+ P(0.00 \leqq Z \leqq 0.03)$$

$$= P(0.00 \leqq Z \leqq 1.07)$$

$$+ P(0.00 \leqq Z \leqq 0.03)$$

$$= 0.3577 + 0.0120 = 0.3697$$

となる．

[note] 数式処理ソフトを使って, 二項分布のままで直接計算をすると,

$$P(195 \leq X \leq 205)$$
$$= \sum_{k=195}^{205} {}_{400}\mathrm{C}_k 0.513^k \cdot 0.487^{400-k}$$
$$= 0.3695599 \cdots$$

となる.

5.12 (1) この箱に入る不良品の個数 X は, $\lambda = 100 \cdot 0.002 = 0.2$ のポアソン分布に従うと考えられるので, 求める確率は,

$$P(X \geq 1) = 1 - P(X = 0)$$
$$= 1 - e^{-0.2} \fallingdotseq 0.1813$$

(2) この予防接種で副作用を起こす人数 X は, $\lambda = 800 \cdot 0.001 = 0.8$ のポアソン分布に従うと考えられるので, 求める確率は,

$$P(X \geq 2) = 1 - \{P(X = 0) + P(X = 1)\}$$
$$= 1 - e^{-0.8}(1 + 0.8) \fallingdotseq 0.1912$$

5.13 (1) X, Y の確率分布はそれぞれ

$$P(X = x) = \frac{\lambda^x}{x!} e^{-\lambda} \quad (x = 0, 1, 2, \ldots)$$
$$P(Y = y) = \frac{\mu^y}{y!} e^{-\mu} \quad (y = 0, 1, 2, \ldots)$$

である. よって, 0 以上の整数 z に対し, 例題 5.1 の結果を使って,

$$P(Z = z)$$
$$= \sum_{x=0}^{z} P(X = x) \cdot P(Y = z - x)$$
$$= \sum_{x=0}^{z} \frac{\lambda^x}{x!} e^{-\lambda} \cdot \frac{\mu^{z-x}}{(z-x)!} e^{-\mu}$$
$$= e^{-(\lambda+\mu)} \sum_{x=0}^{z} \frac{\lambda^x \mu^{z-x}}{x!(z-x)!}$$

となる. ここで,

$$\frac{1}{x!(z-x)!} = \frac{1}{z!} \cdot \frac{z!}{x!(z-x)!}$$
$$= \frac{1}{z!} {}_z\mathrm{C}_x$$

であるから,

$$P(Z = z) = \frac{e^{-(\lambda+\mu)}}{z!} \sum_{x=0}^{z} {}_z\mathrm{C}_x \lambda^x \mu^{z-x}$$
$$= \frac{e^{-(\lambda+\mu)}}{z!} (\lambda + \mu)^z$$
$$= \frac{(\lambda + \mu)^z}{z!} e^{-(\lambda+\mu)}$$

である.

(2) (1) の結果から, Z はポアソン分布 $P_o(\lambda + \mu)$ に従う.

5.14 (1) 整式 $(x+1)^m (x+1)^n$ を展開すると,

$$\sum_{k=0}^{m} {}_m\mathrm{C}_k x^k \cdot \sum_{j=0}^{n} {}_n\mathrm{C}_j x^j$$
$$= \sum_{k=0}^{m} \sum_{j=0}^{n} {}_m\mathrm{C}_k {}_n\mathrm{C}_j x^{k+j}$$

であるから, x^r の項の係数は $\displaystyle\sum_{k=0}^{r} {}_m\mathrm{C}_k {}_n\mathrm{C}_{r-k}$ である. 一方, $(x + 1)^{m+n}$ を展開したときの x^r の項の係数は ${}_{m+n}\mathrm{C}_r$ である. したがって,

$$\sum_{k=0}^{r} {}_m\mathrm{C}_k \cdot {}_n\mathrm{C}_{r-k} = {}_{m+n}\mathrm{C}_r$$

が成り立つ.

(2) $P(X = x) = 0$
$$(x < 0 \text{ または } x > m \text{ のとき})$$
$$P(Y = y) = 0$$
$$(y < 0 \text{ または } y > n \text{ のとき})$$

に注意する. $q = 1 - p$ とおくと, $0 \leq z \leq m + n$ を満たす整数 z について,

$$P(Z = z) = \sum_{k=0}^{z} P(X = k, Y = z - k)$$
$$= \sum_{k=0}^{z} P(X = k) \cdot P(Y = z - k)$$
$$= \sum_{k=0}^{z} {}_m\mathrm{C}_k p^k q^{m-k}$$
$$\cdot {}_n\mathrm{C}_{z-k} p^{z-k} q^{n-(z-k)}$$

$$= p^z q^{m+n-z} \sum_{k=0}^{z} {}_m C_k \cdot {}_n C_{z-k}$$

となる. (1) の結果を使うと,

$$P(Z = z) = p^z q^{m+n-z} {}_{m+n} C_z$$

$$= {}_{m+n} C_z p^z q^{m+n-z}$$

が得られる. したがって, 確率変数 Z は確率分布 $B(m+n, p)$ に従う.

5.15 $Z = \dfrac{X-4}{2}$ と標準化する.

(1) $P(X \leq \lambda) = P\left(Z \leq \dfrac{\lambda-4}{2}\right)$ であるから, $P(Z \leq z) = 0.06$ となる z を見つける. $z < 0$ のとき, $P(Z \leq z) = P(Z \geq -z) = 0.5 - P(0 \leq Z \leq -z)$ から, $P(0 \leq Z \leq -z) = 0.44$ である. 逆分布表から, $-z = 1.555$ である. したがって, $\dfrac{\lambda-4}{2} = -1.555$ から, $\lambda = 0.890$ となる.

(2) もし $\lambda \leq 0$ であれば $P(|X-4| \geq \lambda) = 1$ となるから, $\lambda > 0$ である. $P(|X-4| \geq \lambda) = P\left(|Z| \geq \dfrac{\lambda}{2}\right) = 2 \cdot P\left(Z \geq \dfrac{\lambda}{2}\right)$ であるから, 条件は $P\left(Z \geq \dfrac{\lambda}{2}\right) = 0.01$, すなわち, $P\left(0 \leq Z \leq \dfrac{\lambda}{2}\right) = 0.49$ となる. 逆分布表から, $P(0 \leq Z \leq z) = 0.49$ となるのは $z = 2.326$ である. したがって, $\lambda = 4.652$ となる.

5.16 (1) X は二項分布 $B\left(100, \dfrac{1}{2}\right)$ に従うので, 正規分布 $N(50, 5^2)$ で近似する. $Z = \dfrac{X-50}{5}$ と標準化すると, $P(X \geq n) \fallingdotseq P\left(Z \geq \dfrac{n-0.5-50}{5}\right)$ である. $P(Z \geq z) = 0.03$ となる z を見つければ, $\dfrac{n-0.5-50}{5} \geq z$ によって, 題意を満たす n を求めることができる. $z > 0$ であることに注意すると, $P(Z \geq z) = 0.5 - P(0 \leq Z \leq z)$ から, $P(0 \leq Z \leq z) = 0.47$ である. 逆分布表から $z = 1.881$ であるから, $\dfrac{n-0.5-50}{5} \geq 1.881$ より, $n \geq 59.905$ と

なる. よって, 求める最小値は 60 である.

(2) X は二項分布 $B\left(162, \dfrac{1}{3}\right)$ に従うので, 正規分布 $N(54, 6^2)$ で近似する. $Z = \dfrac{X-54}{6}$ と標準化すると, $P(X \leq n) \fallingdotseq P\left(Z \leq \dfrac{n+0.5-54}{6}\right)$ である. $P(Z \leq z) = 0.05$ となる z を見つければ, $\dfrac{n+0.5-54}{6} \leq z$ によって, 題意を満たす n を求めることができる. $z < 0$ であることに注意すると, $P(Z \leq z) = 0.5 - P(0 \leq Z \leq -z)$ であり, したがって, $P(0 \leq Z \leq -z) = 0.45$ である. 逆分布表から $z = -1.645$ であるから, $\dfrac{n+0.5-54}{6} \leq -1.645$ より, $n \leq 43.63$ となる. よって, 求める最大値は 43 である.

[note] 正規分布で近似せずに数式処理ソフトで計算すると, (1) では, $P(X \geq 60) = 0.0284\cdots$, $P(X \geq 59) = 0.0443\cdots$ から求める最小値は 60 であり, (2) では, $P(X \geq 43) = 0.0381\cdots$, $P(X \geq 44) = 0.0548\cdots$ から求める最大値は 43 である. このように, どちらも正規分布で近似して求めた解答と一致する.

5.17 (1) $u = \sqrt{2}t$ と置換すれば,

$$\int_{-\infty}^{\infty} e^{-t^2} dt = \int_{-\infty}^{\infty} e^{-\frac{u^2}{2}} \cdot \dfrac{1}{\sqrt{2}} du$$

$$= \sqrt{\pi} \cdot \dfrac{1}{\sqrt{2\pi}} \int_{-\infty}^{\infty} e^{-\frac{u^2}{2}} du$$

$$= \sqrt{\pi}$$

である.

(2) 標準正規分布の確率密度関数を $f(x)$ とすると,

$$f(x) = \dfrac{1}{\sqrt{2\pi}} e^{-\frac{x^2}{2}}$$

である. Z の確率密度関数を $p_Z(z)$ とすると,

$$p_Z(z) = \int_{-\infty}^{\infty} f(x) \cdot f(z-x) dx$$

$$= \int_{-\infty}^{\infty} \dfrac{1}{\sqrt{2\pi}} e^{-\frac{x^2}{2}} \cdot \dfrac{1}{\sqrt{2\pi}} e^{-\frac{(z-x)^2}{2}} dx$$

$$= \frac{1}{2\pi} \int_{-\infty}^{\infty} e^{-\frac{1}{2}\{x^2+(z-x)^2\}} dx$$

である. ここで,

$$-\frac{1}{2}\{x^2+(z-x)^2\}$$

$$= -x^2 + zx - \frac{z^2}{2}$$

$$= -\left(x - \frac{z}{2}\right)^2 - \frac{z^2}{4}$$

であるから,

$$p_Z(z) = \frac{1}{2\pi} e^{-\frac{z^2}{4}} \int_{-\infty}^{\infty} e^{-\left(x-\frac{z}{2}\right)^2} dx$$

となる. 右辺の広義積分で, $t = x - \frac{z}{2}$ と置換すれば,

$$\int_{-\infty}^{\infty} e^{-\left(x-\frac{z}{2}\right)^2} dx = \int_{-\infty}^{\infty} e^{-t^2} dx = \sqrt{\pi}$$

である. したがって,

$$p_Z(z) = \frac{1}{2\sqrt{\pi}} e^{-\frac{z^2}{4}}$$

である.

C 問題

1 (1) 少なくとも 1 台の CPU が正常に動作している事象の余事象は 3 台とも故障することであり, その確率は $0.2^3 = 0.008$ である. したがって, 求める信頼度は, $1 - 0.008 = 0.992$ である.

(2) 求める信頼度は, $0.8^3 = 0.512$ である.

(3) 2 台が正常に動作し 1 台が故障する確率は, $_3\mathrm{C}_1 \cdot 0.8^2 \cdot 0.2 = 0.384$ である. したがって, 求める信頼度は, $0.512 + 0.384 = 0.896$ である.

2

[note] すべての根元事象からなる集合を**標本空間**という.

(1) 1 回目と 2 回目に取り出したときの数字をそれぞれ i, j とすると, 標本空間は

$$\Omega = \{(i,j) \mid 1 \le i \le 10,\ 1 \le j \le 10\}$$

であり, どの根元事象 (i,j) も, 起こる確率は $\frac{1}{10^2}$ である. $i+j \ge 11$ となる (i,j) の総数を求める. $i = 1$ のとき $(i,j) = (1,10)$ の 1 通り, $i = 2$ のとき $(i,j) = (2,9), (2,10)$

の 2 通り, $\cdots$ と考えていくことにより, $1+2+3+\cdots+10 = 55$ である. よって, 求める確率は $\frac{55}{100} = \frac{11}{20}$ である.

(2) 3 回目に取り出したときの数字を k とすると, 標本空間は

$$\Omega = \{(i,j,k) \mid 1 \le i \le 10,\ 1 \le j \le 10, \\ 1 \le k \le 10\}$$

であり, どの根元事象 (i,j,k) も, 起こる確率は $\frac{1}{10^3}$ である. $i+j+k \ge 28$ となる (i,j,k) の総数を求める. $i \le 7$ のときは $i+j+k < 28$ となるので, $i \ge 8$ の場合を調べる. $i = 8$ のとき, $j+k \ge 20$ となるのは $(j,k) = (10,10)$ の 1 通り. $i = 9$ のとき, $j+k \ge 19$ となるのは $(j,k) = (9,10), (10,9), (10,10)$ の 3 通り. $i = 10$ のとき, $j+k \ge 18$ となるのは $(j,k) = (8,10), (9,9), (9,10), (10,8), (10,9), (10,10)$ の 6 通り. よって, 求める確率は $\frac{1+3+6}{1000} = \frac{1}{100}$ である.

(3) 標本空間は

$$\Omega = \{(i,j) \mid 1 \le i \le 10,\ 1 \le j \le 10,\ i \ne j\}$$

であり, どの根元事象 (i,j) も, 起こる確率は $\frac{1}{10 \times 9}$ である. $i+j \ge 11$ となる (i,j) の総数は, (1) で求めた (i,j) の総数から $(6,6), \ldots, (10,10)$ の 5 組を除いて, $55 - 5 = 50$ である. よって, 求める確率は $\frac{50}{90} = \frac{5}{9}$ である.

3 3 個のサイコロを区別して, これらの目の数が i, j, k であることを (i,j,k) とかく.

(1) 3 個のサイコロの目の数が 1, 2, 3 のいずれかで, かつ互いに異なっている目の出方の総数は, 1, 2, 3 の順列の数に等しいので, 6 通りである. また, 3 個のサイコロを同時に投げたときの目の出方の総数は, $6^3 = 216$ 通りであるから, 求める確率は $\frac{6}{216} = \frac{1}{36}$ である.

(2) 少なくとも 2 個のサイコロの目の数が同じである事象の余事象は, 3 個のサイコロの

目の数がすべて異なる事象である．したがって，求める確率は

$$1 - \frac{6 \cdot 5 \cdot 4}{6^3} = \frac{4}{9}$$

である．

(3) 3 個のサイコロの目の数の和が 6 以上である事象を A とすると，その余事象 $\overline{A}$ は 3 個の目の数の和が 5 以下となる事象である．よって，

$$\overline{A} = \{ (1,1,1),\ (1,1,2),\ (1,2,1),\ (2,1,1),$$
$$(1,1,3),\ (1,3,1),\ (3,1,1),\ (1,2,2),$$
$$(2,1,2),\ (2,2,1) \}$$

となるから，求める確率は $P(A) = 1 - P(\overline{A}) = 1 - \frac{10}{216} = \frac{103}{108}$ である．

(4) 3 個のサイコロを区別して，1 つ目，2 つ目，3 つ目のサイコロの目の数をそれぞれ X_1, X_2, X_3 とすると，これらは独立であり，求める値は $X_1 + X_2 + X_3$ の期待値である．各 i について，

$$E[X_i] = \frac{1}{6}(1+2+3+4+5+6)$$
$$= \frac{7}{2}$$

であるから，

$$E[X_1 + X_2 + X_3] = E[X_1] + E[X_2] + E[X_3]$$
$$= \frac{7}{2} \times 3 = \frac{21}{2}$$

である．

4　(1) 出た目の数の総和が $n+1$ 以下となるのは，n 回ともすべて 1 の目が出る場合と，2 の目が 1 回だけ出て残りの $n-1$ 回はすべて 1 の目が出る場合だけである．よって，求める確率は

$$\left(\frac{1}{6}\right)^n + n \cdot \left(\frac{1}{6}\right) \cdot \left(\frac{1}{6}\right)^{n-1}$$
$$= (n+1)\left(\frac{1}{6}\right)^n$$

である．

(2) n 回とも同じ目が出る確率は $6 \cdot \left(\frac{1}{6}\right)^n = \left(\frac{1}{6}\right)^{n-1}$ であり，$n-1$ 回同じ目が出て 1 回だけそれとは異なる目が出る確率は

$$6 \cdot {}_n\mathrm{C}_1 \cdot \left(\frac{1}{6}\right)^{n-1} \cdot \frac{5}{6} = 5n\left(\frac{1}{6}\right)^{n-1}\ \text{であ}$$

る．よって，求める期待値は

$$\left(\frac{1}{6}\right)^{n-1} \cdot 100n + 5n\left(\frac{1}{6}\right)^{n-1} \cdot 50n$$
$$= \frac{50n(5n+2)}{6^{n-1}}\ [\text{円}]$$

である．

5　(1) $P_k = \left(\frac{2}{3}\right)^{k-1} \cdot \frac{1}{3}$ であるから，

$$\lim_{n \to \infty} \sum_{k=1}^{n} P_k$$
$$= \lim_{n \to \infty} \sum_{k=1}^{n} \left\{ \left(\frac{2}{3}\right)^{k-1} \cdot \frac{1}{3} \right\}$$
$$= \lim_{n \to \infty} \frac{1}{3}\left\{ 1 + \frac{2}{3} + \left(\frac{2}{3}\right)^2 + \left(\frac{2}{3}\right)^3 \right.$$
$$\left. + \cdots + \left(\frac{2}{3}\right)^{n-1} \right\}$$
$$= \lim_{n \to \infty} \frac{1}{3} \cdot \frac{1 - \left(\frac{2}{3}\right)^n}{1 - \frac{2}{3}}$$
$$= \frac{1}{3} \cdot \frac{1}{1 - \frac{2}{3}} = 1$$

である．

(2) 以下，等比級数の和 $\displaystyle \lim_{n \to \infty} \sum_{k=1}^{n} ar^{k-1}$ を $\displaystyle \sum_{n=1}^{\infty} ar^{n-1}$ とかく．求める期待値は，

$$\sum_{n=1}^{\infty} 100 \cdot P_n = 100 \cdot \sum_{n=1}^{\infty} P_n$$
$$= 100 \cdot 1 = 100\ [\text{円}]$$

である．

(3) 与えられた条件のもとでの獲得金額の期待値は，

$$\sum_{n=1}^{\infty} 100(1+r)^{n-1} \cdot P_n$$

$$= \sum_{n=1}^{\infty} \left\{ 100(1+r)^{n-1} \cdot \left(\frac{2}{3}\right)^{n-1} \cdot \frac{1}{3} \right\}$$

$$= \frac{100}{3} \cdot \sum_{n=1}^{\infty} \left\{ (1+r) \cdot \frac{2}{3} \right\}^{n-1}$$

である. この等比級数の和が収束するための
必要十分条件は, $r > 0$ であることから,

$$(1+r) \cdot \frac{2}{3} < 1$$

すなわち, $0 < r < \frac{1}{2}$ である. したがって,
求める r_0 の値は $\frac{1}{2}$ である.

6　部材が工場 F_1, F_2, F_3 で製作された事象を
それぞれ F_1, F_2, F_3 とする. また, 不良品が
発生する事象を F とする.
3 つの事象 F_1, F_2, F_3 は互いに排反で, 和集
合は全事象となる. したがって,

(1) $P(F)$

$\quad = P(F_1 \cap F) + P(F_2 \cap F) + P(F_3 \cap F)$

$\quad = P(F_1)P(F|F_1) + P(F_2)P(F|F_2)$

$\qquad + P(F_3)P(F|F_3)$

$\quad = \dfrac{30}{100} \cdot \dfrac{3}{100} + \dfrac{60}{100} \cdot \dfrac{2}{100} + \dfrac{10}{100} \cdot \dfrac{4}{100}$

$\quad = \dfrac{90 + 120 + 40}{10000} = \dfrac{1}{40}$

である.

(2) $P(F_1 \cap F) = P(F_1)P(F|F_1)$

$$= \frac{30}{100} \cdot \frac{3}{100} = \frac{9}{1000}$$

であるから,

$$P(F_1|F) = \frac{P(F_1 \cap F)}{P(F)} = \frac{\dfrac{9}{1000}}{\dfrac{1}{40}} = \frac{9}{25}$$

である.

7　大きいサイコロの目を X, 小さいサイコロ
の目を Y とする.
(1) A が対称行列となるのは, $X = Y$ のとき
である. $X = Y$ となるのは $(1,1), (2,2), \dots,$
$(6,6)$ の 6 通りであるから, 求める確率は

$$P(X = Y) = \frac{6}{6^2} = \frac{1}{6}$$

である.

(2) A が正則行列となるのは, $12 - XY \neq 0$,
すなわち $XY \neq 12$ のときである. $XY = 12$
となるのは, $(2,6), (3,4), (4,3), (6,2)$ の 4 通
りであるから, 求める確率は

$$1 - P(XY = 12) = 1 - \frac{4}{6^2} = \frac{8}{9}$$

である.

(3) $E[X] = E[Y] = \dfrac{1}{6}(1 + 2 + \dots + 6) = \dfrac{7}{2}$
であり, X と Y は互いに独立である. よっ
て, 求める期待値は

$$E[12 - XY] = E[12] - E[X] \cdot E[Y]$$

$$= 12 - \left(\frac{7}{2}\right)^2 = -\frac{1}{4}$$

である.

8　この人の通話時間 [分] を X とすると,
$P(a \leqq X \leqq b) = \displaystyle\int_a^b f(x)\,dx$ である.

(1) $\displaystyle\int_0^{\infty} f(x)dx = \int_0^{\infty} \frac{1}{5} e^{-\frac{1}{5}x} dx$

$$= \left[-e^{-\frac{1}{5}x} \right]_0^{\infty}$$

$$= \lim_{x \to \infty} \left(-e^{-\frac{1}{5}x} \right) + e^0 = 1$$

である.

別解　確率密度関数の性質から, $\displaystyle\int_0^{\infty} f(x)dx = $
$P(X \geqq 0) = 1$ である.

(2) $P(X = 10) = \displaystyle\int_{10}^{10} f(x)dx = 0$ である.

(3) $P(0 \leqq X \leqq 10) = \displaystyle\int_0^{10} \frac{1}{5} e^{-\frac{1}{5}x} dx$

$$= \left[-e^{-\frac{1}{5}x} \right]_0^{10}$$

$$= -e^{-2} + e^0 = 1 - e^{-2}$$

である.

(4) 求める確率は $\dfrac{P(10 \leqq X \leqq 20)}{P(X \geqq 10)}$ であ
り,

$$P(X \geqq 10) = 1 - P(0 \leqq X \leqq 10)$$

$$= 1 - (1 - e^{-2}) = e^{-2},$$

$$P(10 \leqq X \leqq 20) = \int_{10}^{20} \frac{1}{5} e^{-\frac{1}{5}x} dx$$

$$= \left[-e^{-\frac{1}{5}x} \right]_{10}^{20}$$

$$= e^{-2}(1 - e^{-2})$$

であるから,

$$\frac{P(10 \leq X \leq 20)}{P(X \geq 10)} = \frac{e^{-2}(1 - e^{-2})}{e^{-2}}$$

$$= 1 - e^{-2}$$

である.

9 X と Y が互いに独立であることから, 2 次元確率変数 (X, Y) の同時確率密度関数は

$$f(x, y) = \begin{cases} 1 & (0 \leq x \leq 1, 0 \leq y \leq 1) \\ 0 & (それ以外) \end{cases}$$

である.

(1) $\displaystyle P(X > Y) = \int_{-\infty}^{\infty} \left\{ \int_{-\infty}^{x} f(x, y)\, dy \right\} dx$

$$= \int_{0}^{1} \left\{ \int_{0}^{x} dy \right\} dx$$

$$= \int_{0}^{1} x\, dx = \frac{1}{2}$$

である.

(2) Z の累積分布関数 $F_Z(z) = P(Z \leq z)$ を求める. $Z \geq z$ である必要十分条件は, $X \geq z$ かつ $Y \geq z$ が成り立つことであるから,

$$F_Z(z) = P(Z \leq z)$$

$$= 1 - P(Z \geq z)$$

$$= 1 - P(X \geq z, Y \geq z)$$

$$= 1 - P(X \geq z) \cdot P(Y \geq z)$$

である. したがって, $z < 0$ のとき,

$P(X \geq z) = P(Y \geq z) = \displaystyle\int_{-\infty}^{\infty} f(t)dt = 1$

であるから, $F_Z(z) = 0$ である. $0 \leq z \leq 1$ のとき, $P(X \geq z) = P(Y \geq z) = \displaystyle\int_{z}^{1} dt = 1 - z$ であるから, $F_Z(z) = 1 - (1 - z)^2 = 2z - z^2$ である. $z > 1$ のとき, $P(X \geq z) = P(Y \geq z) = 0$ であるから, $F_Z(z) = 1$ である. 以上の結果をまとめて,

$$F_Z(z) = \begin{cases} 0 & (z < 0) \\ 2z - z^2 & (0 \leq z \leq 1) \\ 1 & (z > 1) \end{cases}$$

となる. したがって, 確率密度関数は

$$f_Z(z) = \begin{cases} 2 - 2z & (0 \leq z \leq 1) \\ 0 & (それ以外) \end{cases}$$

である.

(3) W の累積分布関数 $F_W(w) = P(W \leq w)$ を求める. $W \leq w$ である必要十分条件は, $X \leq w$ かつ $Y \leq w$ が成り立つことであるから,

$$F_W(w) = P(W \leq w) = P(X \leq w, Y \leq w)$$

$$= P(X \leq w) \cdot P(Y \leq w)$$

が成り立つ. $w < 0$ のとき, $P(X \leq w) = \displaystyle\int_{-\infty}^{w} f(t)dt = 0$ であるから $F_W(w) = 0$ である. $0 \leq w \leq 1$ のとき, $P(X \leq w) = P(Y \leq w) = \displaystyle\int_{0}^{w} dt = w$ であるから $F_W(w) = w^2$ である. $w > 1$ のとき, $P(X \leq w) = P(Y \leq w) = 1$ であるから $F_W(w) = 1$ である. 以上の結果をまとめて,

$$F_W(w) = \begin{cases} 0 & (w < 0) \\ w^2 & (0 \leq w \leq 1) \\ 1 & (w > 1) \end{cases}$$

となる. したがって, 確率密度関数は

$$f_W(w) = \begin{cases} 2w & (0 \leq w \leq 1) \\ 0 & (それ以外) \end{cases}$$

である.

10 (1) X, Y の確率密度関数はそれぞれ,

$$f_X(x) = \begin{cases} 1 & (0 < x < 1 \text{のとき}) \\ 0 & (その他のとき) \end{cases},$$

$$f_Y(y) = \begin{cases} 1 & (0 < y < 1 \text{のとき}) \\ 0 & (その他のとき) \end{cases},$$

である. X と Y は独立であるから, 同時確率密度関数 $f_{X,Y}(x, y)$ は

$$f_{X,Y}(x,y) = f_X(x)f_Y(y)$$

$$= \begin{cases} 1 & (0 < x < 1, 0 < y < 1 \text{ のとき}) \\ 0 & (\text{その他のとき}) \end{cases}$$

となる（例題 5.2 参照）.

(2) X と Y は独立であるから, Z の確率密度関数は

$$f_Z(z) = \int_{-\infty}^{\infty} f_{X,Y}(x, z-x)\,dx$$

である（例題 5.2 参照）. よって, (1) の結果から, $f_{X,Y}(x, z-x) = 1$ である必要十分条件は

$$\max\{0, z-1\} < x < \min\{1, z\} \quad \cdots (*)$$

であることがわかる.

$z < 0$ のとき, 不等式 $(*)$ を満たす実数 x はないので, $f(x, z-x) = 0$. よって, $f_Z(z) = 0$.

$0 \le z < 1$ のとき, 式 $(*)$ は $0 < x < z$ であるから,

$$f_Z(z) = \int_0^z dx = z$$

$1 \le z < 2$ のとき, 式 $(*)$ は $z-1 < x < 1$ であるから,

$$f_Z(z) = \int_{z-1}^1 dx = 2 - z$$

$z \ge 2$ のとき, 式 $(*)$ を満たす実数 x はないので, $f(x, z-x) = 0$. よって, $f_Z(z) = 0$.
以上から,

$$f_Z(z) = \begin{cases} z & (0 \le z < 1) \\ 2 - z & (1 \le z < 2) \\ 0 & (\text{それ以外}) \end{cases}$$

である.

11 (1) 1 回の移動で粒子が点 C に移動するのは $A \to C$ と移動するときだけであるから, $p_1 = \dfrac{1}{3}$ である.

ちょうど 2 回の移動で粒子が点 C に移動するのは $A \to B \to C$ と移動するときだけであるから, $p_2 = \dfrac{2}{3} \cdot \dfrac{1}{3} = \dfrac{2}{9}$ である.

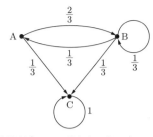

(2) 粒子が点 C に到達すると, 点 C に留まり続けることに注意する. n 回目の移動後に粒子が点 A, B にある確率をそれぞれ a_n, b_n とすると,

$$a_{n+1} = b_n \cdot \frac{1}{3},$$
$$b_{n+1} = a_n \cdot \frac{2}{3} + b_n \frac{1}{3}$$

であるから,

$$\begin{pmatrix} a_{n+1} \\ b_{n+1} \end{pmatrix} = \begin{pmatrix} \frac{1}{3} b_n \\ \frac{2}{3} a_n + \frac{1}{3} b_n \end{pmatrix} = \begin{pmatrix} 0 & \frac{1}{3} \\ \frac{2}{3} & \frac{1}{3} \end{pmatrix} \begin{pmatrix} a_n \\ b_n \end{pmatrix}$$

となる. 題意から, $a_0 = 1$, $b_0 = 0$ であるから,

$$\begin{pmatrix} a_n \\ b_n \end{pmatrix} = \begin{pmatrix} 0 & \frac{1}{3} \\ \frac{2}{3} & \frac{1}{3} \end{pmatrix}^n \begin{pmatrix} a_0 \\ b_0 \end{pmatrix} = \begin{pmatrix} 0 & \frac{1}{3} \\ \frac{2}{3} & \frac{1}{3} \end{pmatrix}^n \begin{pmatrix} 1 \\ 0 \end{pmatrix}$$

となる.

$A = \begin{pmatrix} 0 & \frac{1}{3} \\ \frac{2}{3} & \frac{1}{3} \end{pmatrix}$ とおくと, A の固有値と固有ベクトルは

$$\lambda_1 = \frac{2}{3}, \quad v_1 = c_1 \begin{pmatrix} 1 \\ 2 \end{pmatrix};$$
$$\lambda_2 = -\frac{1}{3}, \quad v_2 = c_2 \begin{pmatrix} 1 \\ -1 \end{pmatrix}$$

である. ただし, c_1, c_2 は 0 以外の任意の実数である. したがって, $Q = \begin{pmatrix} 1 & 1 \\ 2 & -1 \end{pmatrix}$ とおくと,

$$Q^{-1}AQ = \begin{pmatrix} \frac{2}{3} & 0 \\ 0 & -\frac{1}{3} \end{pmatrix}$$

となり,

$$A = Q \begin{pmatrix} \dfrac{2}{3} & 0 \\ 0 & -\dfrac{1}{3} \end{pmatrix} Q^{-1}$$

であるから,

$$A^n = \left(Q \begin{pmatrix} \dfrac{2}{3} & 0 \\ 0 & -\dfrac{1}{3} \end{pmatrix} Q^{-1} \right)^n$$

$$= Q \begin{pmatrix} \dfrac{2}{3} & 0 \\ 0 & -\dfrac{1}{3} \end{pmatrix}^n Q^{-1}$$

$$= \begin{pmatrix} 1 & 1 \\ 2 & -1 \end{pmatrix} \begin{pmatrix} \left(\dfrac{2}{3}\right)^n & 0 \\ 0 & \left(-\dfrac{1}{3}\right)^n \end{pmatrix}$$

$$\cdot \dfrac{1}{-3} \begin{pmatrix} -1 & -1 \\ -2 & 1 \end{pmatrix}$$

$$= \dfrac{1}{3} \begin{pmatrix} \left(\dfrac{2}{3}\right)^n + 2\left(-\dfrac{1}{3}\right)^n & \left(\dfrac{2}{3}\right)^n - \left(-\dfrac{1}{3}\right)^n \\ 2\left(\dfrac{2}{3}\right)^n - 2\left(-\dfrac{1}{3}\right)^n & 2\left(\dfrac{2}{3}\right)^n + \left(-\dfrac{1}{3}\right)^n \end{pmatrix}$$

となる. よって,

$$\begin{pmatrix} a_n \\ b_n \end{pmatrix}$$

$$= \dfrac{1}{3} \begin{pmatrix} \left(\dfrac{2}{3}\right)^n + 2\left(-\dfrac{1}{3}\right)^n & \left(\dfrac{2}{3}\right)^n - \left(-\dfrac{1}{3}\right)^n \\ 2\left(\dfrac{2}{3}\right)^n - 2\left(-\dfrac{1}{3}\right)^n & 2\left(\dfrac{2}{3}\right)^n + \left(-\dfrac{1}{3}\right)^n \end{pmatrix}$$

$$\cdot \begin{pmatrix} 1 \\ 0 \end{pmatrix}$$

であるから,

$$a_n = \dfrac{1}{3} \left\{ \left(\dfrac{2}{3}\right)^n + 2\left(-\dfrac{1}{3}\right)^n \right\},$$

$$b_n = \dfrac{1}{3} \left\{ 2\left(\dfrac{2}{3}\right)^n - 2\left(-\dfrac{1}{3}\right)^n \right\}$$

となる.

$n \geqq 1$ のとき, 粒子がちょうど n 回目に点 C に到達する確率は

$$p_n = a_{n-1} \cdot \dfrac{1}{3} + b_{n-1} \cdot \dfrac{1}{3}$$

である. したがって, 求める確率は

$$p_n = \dfrac{1}{9} \left\{ \left(\dfrac{2}{3}\right)^{n-1} + 2\left(-\dfrac{1}{3}\right)^{n-1} \right\}$$

$$+ \dfrac{1}{9} \left\{ 2\left(\dfrac{2}{3}\right)^{n-1} - 2\left(-\dfrac{1}{3}\right)^{n-1} \right\}$$

$$= \dfrac{1}{3} \left(\dfrac{2}{3}\right)^{n-1}$$

となる.

12 (1) A, B がともに 0 点のとき, A がゲームに勝利する場合は次の 2 通りがある.

- 初めに A が 1 点獲得したあと, 最終的に A がゲームに勝利する.
- 初めに B が 1 点獲得したあと, 最終的に A がゲームに勝利する.

したがって,

$$S(0, 0) = p \cdot S(1, 0) + (1-p) \cdot S(0, 1)$$

である. また, A が 1 点, B が 0 点のとき A がゲームに勝利する場合は次の 2 通りがある.

- 次のゲームで A がさらに 1 点を獲得し, A がゲームに勝利する.
- 次のゲームで B が 1 点を獲得し, 最終的に A がゲームに勝利する.

したがって,

$$S(1, 0) = p \cdot S(2, 0) + (1-p) \cdot S(1, 1)$$

$$= p + (1-p)S(1, 1)$$

である. 同様にして, $S(0, 1) = pS(1, 1)$ が得られる.

(2) A が i 点, B が j 点 (ただし, $|i-j| < 2$) のとき, A がゲームに勝利する場合は次の 2 通りがある.

- 次のゲームで A が 1 点を獲得し, 最終的に A がゲームに勝利する.
- 次のゲームで B が 1 点を獲得し, 最終的に A がゲームに勝利する.

したがって,

$$S(i, j) = p \cdot S(i+1, j)$$
$$+ (1-p) \cdot S(i, j+1)$$

である.

(3) (1), (2) の結果から, 次の 3 つの等式が得られる.

$$S(0, 0) = pS(1, 0) + (1-p)S(0, 1)$$

$$S(1, 0) = p + (1-p)S(1, 1)$$

$$S(0, 1) = pS(1, 1)$$

第 2 式と第 3 式を第 1 式に代入して,

$$S(0, 0) = p\{p + (1 - p)S(1, 1)\}$$
$$+ (1 - p) \cdot pS(1, 1)$$
$$= p^2 + (2p - 2p^2)S(1, 1)$$

である．$S(0, 0) = S(1, 1)$ であることから，$(1 - 2p + 2p^2)S(0, 0) = p^2$．したがって，

$$S(0, 0) = \frac{p^2}{1 - 2p + 2p^2}$$

である．

(4) (3) の結果から，

$$S(0, 1) = pS(1, 1) = pS(0, 0)$$
$$= \frac{p^3}{1 - 2p + 2p^2}$$

である．

(5) (4) の結果から，$S(0, 1) = \dfrac{1}{2}$ は

$\dfrac{p^3}{1 - 2p + 2p^2} = \dfrac{1}{2}$ となり，両辺の分母を払って整理すると，

$$2p^3 - 2p^2 + 2p - 1 = 0$$

となる．区間 $[0, 1]$ 上の関数 $f(x)$ を $f(x) = 2x^3 - 2x^2 + 2x - 1$ で定めるとき，

$$f'(x) = 6x^2 - 4x + 2$$
$$= 6\left(x - \frac{1}{3}\right)^2 + \frac{4}{3}$$

であるから，$f(x)$ は単調増加である．また，

$$f\left(\frac{3}{5}\right) = -\frac{11}{125} < 0,$$
$$f\left(\frac{2}{3}\right) = \frac{1}{27} > 0$$

である．$f(x)$ は区間 $[0, 1]$ 上で連続であるから，中間値の定理より，$f(p) = 0$ を満たす p が区間 $\left(\dfrac{3}{5}, \dfrac{2}{3}\right)$ に少なくとも 1 つは存在するが，$f(x)$ の単調性から，このような p はただ 1 つである．したがって，$S(0, 1) = \dfrac{1}{2}$ を満たす p は $\dfrac{3}{5} < p < \dfrac{2}{3}$ を満たす．

13 (1) $R(0) = 1$, $R(N) = 0$

(2) $R(a) = pR(a + 1) + (1 - p)R(a - 1)$ となる．

(3) $q = 1 - p$ とおくと，(2) の結果から，

$$R(a) = \frac{1}{p}R(a - 1) - \frac{q}{p}R(a - 2)$$

となる．2 次方程式

$$t^2 - \frac{1}{p}t + \frac{q}{p} = 0 \quad \cdots ①$$

を考えると，式①の左辺は $(t - 1)\left(t - \dfrac{q}{p}\right)$ と因数分解される．したがって，$p \neq \dfrac{1}{2}$ のとき，式①は 2 つの異なる解 $t = 1, \dfrac{q}{p}$ をもち，$p = \dfrac{1}{2}$ のとき，式①は 2 重解 $t = 1$ をもつ．例題 A の結果を使って，$R(a)$ を求めることができる．

(i) $p \neq \dfrac{1}{2}$ のとき，例題 A の (1) の結果に $\lambda = 1, \mu = \dfrac{q}{p}$ を代入して，

$$R(a) = \frac{1}{1 - \dfrac{q}{p}}\left\{r_1 - \frac{q}{p} - (r_1 - 1)\left(\frac{q}{p}\right)^a\right\}$$

である．

(ii) $p = \dfrac{1}{2}$ のとき，例題 A の (2) の結果に $\lambda = 1$ を代入して，

$$R(a) = 1 + (r_1 - 1)a$$

である．

(4) $p \neq \dfrac{1}{2}$ のとき，

$$R(N) = \frac{r_1 - \dfrac{q}{p}}{1 - \dfrac{q}{p}} + \frac{1 - r_1}{1 - \dfrac{q}{p}} \cdot \left(\frac{q}{p}\right)^N = 0$$

であるから，

$$r_1 = \frac{\dfrac{q}{p} - \left(\dfrac{q}{p}\right)^N}{1 - \left(\dfrac{q}{p}\right)^N}$$

である．

$p = \dfrac{1}{2}$ のとき，$R(N) = 1 + (r_1 - 1)N = 0$ から，$r_1 = 1 - \dfrac{1}{N}$ である．

(5) $0 < p < \dfrac{1}{2}$ のとき，$0 < \dfrac{p}{q} < 1$ であるから，

$$\lim_{b \to \infty} r_1 = \lim_{N \to \infty} \frac{\dfrac{q}{p} - \left(\dfrac{q}{p}\right)^N}{1 - \left(\dfrac{q}{p}\right)^N}$$

$$= \lim_{N \to \infty} \frac{1 - \left(\frac{p}{q}\right)^{N-1}}{1 - \left(\frac{p}{q}\right)^N} = 1$$

である. したがって,

$$\lim_{b \to \infty} R(a) = \frac{1 - \frac{q}{p}}{1 - \frac{q}{p}} + \frac{1 - 1}{1 - \frac{q}{p}} \cdot \left(\frac{q}{p}\right)^a = 1$$

となる. $p = \frac{1}{2}$ のとき, $\lim_{b \to \infty} r_1 =$ $\lim_{N \to \infty} \left(1 - \frac{1}{N}\right) = 1$ であるから,

$$\lim_{b \to \infty} R(a) = 1 + (1 - 1)a = 1$$

となる. $\frac{1}{2} < p < 1$ のとき, $0 < \frac{q}{p} < 1$ であるから,

$$\lim_{b \to \infty} r_1 = \lim_{N \to \infty} \frac{\frac{q}{p} - \left(\frac{q}{p}\right)^N}{1 - \left(\frac{q}{p}\right)^N} = \frac{q}{p}$$

である. したがって,

$$\lim_{b \to \infty} R(a) = \frac{\frac{q}{p} - \frac{q}{p}}{1 - \frac{q}{p}} + \frac{1 - \frac{q}{p}}{1 - \frac{q}{p}} \cdot \left(\frac{q}{p}\right)^a$$

$$= \left(\frac{q}{p}\right)^a$$

である.

[note] この問題の $R(a)$ を求めることは古典的な問題であり,「ギャンブラーの破滅問題」とよばれている.

第3章 推定と検定

第6節 標本分布

6.1 $E\left[\overline{X}\right] = 2, V\left[\overline{X}\right] = \frac{1}{10}$

6.2 $E\left[S^2\right] = \frac{9}{10}, E\left[U^2\right] = 1$

6.3 (1) $N(68, 10^2)$

(2) $Z = \frac{\overline{X} - 68}{10}$ と標準化する. $P(Z \geq \alpha)$ $= 0.8$ である α は, 標準正規分布の逆分布表を用いて, $P(0 \leq Z \leq \alpha) = 0.2$ から $\alpha = 0.8416$ であることがわかる. したがっ

て, $Z \geq \alpha$ より, $\overline{X} \geq 76.416$ となるので, 77 点以上必要であると考えられる.

6.4 $\overline{X}$ は $N(50, 40)$ に従うので, $Z = \frac{\overline{X} - 50}{2\sqrt{10}}$ と標準化する.

(1) 0.0571　　(2) 0.3745　　(3) 0.5704

6.5 0.356

6.6 平均 0.18, 標準偏差 0.064,

$$P(\widehat{P} > 0.20) = P\left(Z > \frac{0.20 - 0.18}{\sqrt{0.18 \cdot 0.82/36}}\right)$$

$$\fallingdotseq P(Z > 0.31) = 0.378$$

6.7 (1) 11.07　　(2) 32.00　　(3) 9.591

(4) 2.733

6.8 (1) 0.005　　(2) 0.05　　(3) 0.98

6.9 $X = \frac{10S^2}{4^2}$ は自由度 9 の χ^2 分布に従うので, $P(S^2 < k) = P\left(X < \frac{5}{8}k\right)$ である. $P(X < \alpha) = 0.9$ となるのは $\alpha = 14.68$ のときであるから, 求める k の値は $k = 14.68 \cdot \frac{5}{8} = 23.488$ より, $k = 23.49$

6.10 (1) 2.571　　(2) 1.746　　(3) 1.415

6.11 (1) 0.98　　(2) 0.025　　(3) 0.9

(4) 0.045

6.12 $S^2 = \frac{n-1}{n}U^2$ であるから, 不等式 $\frac{n-1}{n}U^2 \geq 0.99U^2$ は, $\frac{n-1}{n} \geq 0.99$ と同値である. これを解くと, $n \geq 100$ となる.

6.13 (1) 数学と物理の成績をそれぞれ X_1, X_2 とすると, $\overline{X} = \frac{1}{2}(X_1 + X_2)$ である. 正規分布の再生性により, $\overline{X}$ は平均が $\frac{1}{2}(60 + 55) = 55$ で, 分散が $\left(\frac{1}{2}\right)^2 \cdot 15^2 + \left(\frac{1}{2}\right)^2 \cdot 25^2 = \frac{34 \cdot 5^2}{2^2} = \frac{425}{2}$ の正規分布, すなわち, $N\left(55, \frac{425}{2}\right)$ に従う.

(2) $\overline{X}$ を $Z = \frac{\overline{X} - 55}{5\sqrt{34}/2}$ によって標準化すると,

$$P(\overline{X} < 35) = P\left(Z < \frac{35 - 55}{5\sqrt{34}/2}\right)$$

$$\doteqdot P(Z < -1.37)$$
$$= P(Z > 1.37)$$
$$= P(Z \geqq 0) - P(0 \leqq Z \leqq 1.37)$$
$$= 0.5 - 0.4147 = 0.0853$$

である。$0.0853 \cdot 200 = 17.06$ であるから，求める人数はおよそ 17 名であると考えられる。

6.14 母集団が正規母集団であるから，標本平均 $\overline{X}$ は正規分布 $N\left(40000, \dfrac{1300^2}{12}\right)$ に従う。$\overline{X}$ を $Z = \dfrac{\overline{X} - 40000}{1300/\sqrt{12}}$ によって標準化すると，

$$P(\overline{X} < 39000)$$
$$= P\left(Z < \frac{39000 - 40000}{1300/\sqrt{12}}\right)$$
$$\doteqdot P(Z < -2.66)$$
$$= P(Z > 2.66)$$
$$= P(Z \geqq 0) - P(0 \leqq Z \leqq 2.66)$$
$$= 0.5 - 0.49609 = 0.00391$$

である。

6.15 (1) 10 個の平均 $\overline{X}$ は正規分布 $N\left(\mu, \dfrac{\sigma^2}{10}\right)$ に従うので，$Z = \dfrac{\overline{X} - \mu}{\sigma/\sqrt{10}}$ によって標準化すると，

$$P(|\overline{X} - \mu| \geqq k\sigma) = P\left(\left|\frac{\sigma}{\sqrt{10}}Z\right| \geqq k\sigma\right)$$
$$= P(|Z| \geqq \sqrt{10}k)$$
$$= 2 \cdot P(Z \geqq \sqrt{10}k)$$

である。よって，$P(Z \geqq \sqrt{10}k) = 0.04$ を満たす k を求めればよい。$P(Z \geqq \alpha) = 0.04$ となるのは $P(0 \leqq Z \leqq \alpha) = 0.46$ のときであり，標準正規分布の逆分布表から，$\alpha = 1.751$ である。よって，$\sqrt{10}k = 1.751$ から，

$$k = \frac{1.751}{\sqrt{10}} \doteqdot 0.5537$$

である。

(2) $\overline{Y}$ は正規分布 $N\left(\mu, \dfrac{\sigma^2}{20}\right)$ に従うので，

$Z = \dfrac{\overline{Y} - \mu}{\sigma/\sqrt{20}}$ によって標準化すると，

$$\sqrt{20}k = \sqrt{20} \cdot \frac{1.751}{\sqrt{10}} = 1.751 \cdot \sqrt{2} \doteqdot 2.48$$

である。よって，

$$P(|\overline{Y} - \mu| \geqq k\sigma)$$
$$= P\left(\left|\frac{\sigma}{\sqrt{20}}Z\right| \geqq k\sigma\right)$$
$$= P(|Z| \geqq \sqrt{20}k)$$
$$\doteqdot P(|Z| \geqq 2.48)$$
$$= 2 \cdot P(Z \geqq 2.48)$$
$$= 2\{P(Z \geqq 0) - P(0 \leqq Z < 2.48)\}$$
$$= 2(0.5 - 0.4934) = 0.0132$$

である。

6.16 (1) $W = 3X - 2Y$ とおくと，求める確率は $P(W > 0)$ である。正規分布の再生性から，W は平均が $3 \cdot 5 - 2 \cdot 6 = 3$ で，分散が $3^2 \cdot 1 + (-2)^2 \cdot 2 = 17$ の正規分布，すなわち，$N(3, \sqrt{17}^2)$ に従う。$Z = \dfrac{W - 3}{\sqrt{17}}$ によって W を標準化すると，求める確率は

$$P(W > 0) = P\left(Z > \frac{0 - 3}{\sqrt{17}}\right)$$
$$\doteqdot P(Z > -0.73)$$
$$= P(-0.73 < Z < 0) + P(Z \geqq 0)$$
$$= P(0 < Z < 0.73) + P(Z \geqq 0)$$
$$= 0.2673 + 0.5 = 0.7673$$

である。

(2) 「$|X| > 2$ または $|Y| > 2$」という事象の余事象は「$|X| \leqq 2$ かつ $|Y| \leqq 2$」である。したがって，

$$P(|X| > 2 \text{ または } |Y| > 2)$$
$$= 1 - P(|X| \leqq 2, |Y| \leqq 2)$$
$$= 1 - P(|X| \leqq 2) \cdot P(|Y| \leqq 2)$$
$$= 1 - 2^2 \cdot P(0 \leqq X \leqq 2) \cdot P(0 \leqq Y \leqq 2)$$
$$= 1 - 4 \cdot 0.4772^2 \doteqdot 0.0891$$

である。

6.17 100 個のデータは十分に大きいの
で，標本平均 $\overline{X}$ は近似的に正規分
布 $N\left(100.2, \dfrac{1.2^2}{100}\right)$ に従う．$\overline{X}$ を $Z =$
$\dfrac{\overline{X}-100.2}{1.2/10}$ によって標準化すると，

$P(100.0 \leqq \overline{X} \leqq 100.5)$

$= P\left(\dfrac{100.0-100.2}{1.2/10} \leqq Z \leqq \dfrac{100.5-100.2}{1.2/10}\right)$

$\fallingdotseq P(-1.67 \leqq Z \leqq 2.5)$

$= P(-1.67 \leqq Z < 0) + P(0 \leqq Z \leqq 2.5)$

$= P(0 \leqq Z \leqq 1.67) + P(0 \leqq Z \leqq 2.5)$

$= 0.4525 + 0.49379 = 0.94629$

である．

6.18 さいころを 1 回振って出る目の平均と
分散は $\mu = \dfrac{7}{2} = 3.5$, $\sigma^2 = \dfrac{35}{12}$ である．
$n = 100$ は十分大きいので，$\overline{X}$ は近似的に
正規分布 $N\left(3.5, \dfrac{35}{12 \cdot 100}\right)$ に従う．$\overline{X}$ を
$Z = \dfrac{\overline{X}-3.5}{\sqrt{\dfrac{35}{12 \cdot 100}}}$ によって標準化すると，

$P(3.4 < \overline{X} < 3.6)$

$= P\left(\dfrac{3.4-3.5}{\sqrt{\dfrac{35}{12 \cdot 100}}} < Z < \dfrac{3.6-3.5}{\sqrt{\dfrac{35}{12 \cdot 100}}}\right)$

$\fallingdotseq P(-0.59 < Z < 0.59)$

$= 2 \cdot P(0 \leqq Z < 0.59)$

$= 2 \cdot 0.2224 = 0.4448$

である．

6.19 X を $Z = \dfrac{X-5}{3}$ によって標準化する
と，Z は標準正規分布 $N(0,1)$ に従い，

$\dfrac{2X-10}{3\sqrt{Y}} = \dfrac{2Z}{\sqrt{Y}} = \dfrac{Z}{\sqrt{\dfrac{Y}{4}}}$

となる．したがって，$\dfrac{2X-10}{3\sqrt{Y}}$ は自由度 4
の t 分布に従う．

6.20 $X = \dfrac{18S^2}{16}$ とおくと，X は自由度 17

の χ^2 分布に従うので，

$$P(S^2 > 29.7) = P\left(X > \dfrac{18 \times 29.7}{16}\right)$$
$$\fallingdotseq P(X > 33.41)$$

である．$\chi^2_{17}(\alpha) = 33.41$ となるのは $\alpha = 0.010$ のときであるから，求める確率は 0.01
となる．

6.21 母分散を σ^2 とし，$X = \dfrac{10S^2}{\sigma^2}$ とおく
と，X は自由度 9 の χ^2 分布に従う．χ^2 分
布表から，$P(X > \alpha) = 0.05$ となる α を
求めると，$\alpha = 16.92$ である．したがって，
$\dfrac{300}{\sigma^2} = 16.92$ から $\sigma^2 = \dfrac{300}{16.92} \fallingdotseq 17.7$ と
なる．

6.22 (1) 3.68　　(2) 3.62

6.23 (1) 確率変数 $\tilde{F} = \dfrac{1}{F}$ は自由度 $(10, 15)$
の F 分布に従うので，$P\left(F \leqq \dfrac{1}{2.54}\right) = P(\tilde{F} \geqq 2.54)$ である．$\alpha = 0.05$ の F 分布表
から，求める値は 0.05 となる．

(2) 確率変数 $\tilde{F} = \dfrac{1}{F}$ は自由度 $(20, 12)$ の F
分布に従うので，$P\left(F \leqq \dfrac{1}{3.07}\right) = P(\tilde{F} \geqq 3.07)$ である．$\alpha = 0.025$ の F 分布表から，
求める値は 0.025 となる．

第 7 節　統計的推定

7.1 μ の推定値は 7.029 kg であり，σ^2 の推定
値は 0.00017 である．

7.2 信頼下界は小数第 2 位を切り捨て，信頼上
界は小数第 2 位を切り上げる．
(1) 信頼区間は $99.5 \leqq \mu \leqq 100.5$
(2) 107 個以上

7.3 信頼下界は小数第 2 位を切り捨て，信頼上
界は小数第 2 位を切り上げる．95% 信頼区間
は $54.4 \leqq \mu \leqq 69.8$

7.4 信頼下界は小数第 4 位を切り捨て，信頼上
界は小数第 4 位を切り上げる．
(1) $0.109 \leqq p \leqq 0.171$
(2) 1537 世帯以上を調査する．母比率がおよ
そ 0.15 と推定されるときは，784 世帯以上を
調査すればよい．

7.5 信頼下界は小数第 2 位を切り捨て，信頼上界は小数第 2 位を切り上げる．95% 信頼区間は $21.5 \leq \sigma^2 \leq 68.6$ となる．

7.6 (1) μ と σ^2 の不偏推定量は，それぞれ標本平均 $\overline{X}$ と不偏分散 U^2 であるから，

$$\overline{x} = \frac{1}{15} \sum_{i=1}^{15} x_i = \frac{90}{15} = 6,$$

$$u^2 = \frac{15}{14} \left(\frac{1}{15} \sum_{i=1}^{15} x_i^2 - \overline{x}^2 \right)$$
$$= \frac{15}{14} \left(\frac{1758}{15} - 6^2 \right) = 87$$

である．

(2) μ の 95% 信頼区間は，$t_{14}(0.05) = 2.145$ から，

$$6 - 2.145 \sqrt{\frac{87}{15}} \leq \mu \leq 6 + 2.145 \sqrt{\frac{87}{15}}$$

である．よって，信頼下界は小数第 2 位を切り捨て，信頼上界は小数第 2 位を切り上げて，$0.8 \leq \mu \leq 11.2$ となる．

σ^2 の 95% 信頼区間は，${\chi^2}_{14}(0.025) = 26.12$, ${\chi^2}_{14}(0.975) = 5.629$ から，

$$\frac{14 \cdot 87}{26.12} \leq \sigma^2 \leq \frac{14 \cdot 87}{5.629}$$

である．よって，信頼下界は小数第 2 位を切り捨て，信頼上界は小数第 2 位を切り上げて，$46.6 \leq \sigma^2 \leq 216.4$ となる．

7.7 母分散が未知で標本数が少ないので，t 分布を使う．$t_{15}(0.05) = 2.131$ であるから，求める信頼区間は

$$151.8 - 2.131 \cdot \frac{12.6}{\sqrt{15}} \leq \mu \leq 151.8 + 2.131 \cdot \frac{12.6}{\sqrt{15}}$$

である．よって，信頼下界は小数第 2 位を切り捨て，信頼上界は小数第 2 位を切り上げて，$144.8 \leq \mu \leq 158.8$ となる．

7.8 (1) この高専で部活動をしている学生の比率を p とし，標本比率の実現値を $\hat{p}$ とすると，$\hat{p} = \frac{26}{40} = 0.65$ である．p の 95% 信頼区間は，

$$0.65 - 1.960 \sqrt{\frac{0.65 \cdot 0.35}{40}}$$

$$\leq p \leq 0.65 + 1.960 \sqrt{\frac{0.65 \cdot 0.35}{40}}$$

である．信頼下界は小数第 4 位を切り捨て，信頼上界は小数第 4 位を切り上げて，$0.502 \leq p \leq 0.798$ となる．

(2) 部活動をしている学生の総数を m とすると，$m = 900p$ である．(1) の結果から，m の 95% 信頼区間は $451.96 \leq m \leq 718.03$．したがって，$451 \leq m \leq 719$ となる．

7.9 法案に賛成する人の割合の実現値は $\hat{p} = \frac{293}{500} = 0.586$ である．標本数 $n = 500$ は十分に大きいので，求める信頼区間は，

$$0.586 - 1.960 \sqrt{\frac{0.586 \cdot 0.414}{500}}$$

$$\leq p \leq 0.586 + 1.960 \sqrt{\frac{0.586 \cdot 0.414}{500}}$$

である．信頼下界は小数第 4 位を切り捨て，信頼上界は小数第 4 位を切り上げて，$0.542 \leq p \leq 0.630$ となる．

7.10 (1) $0 \leq \hat{p} \leq 1$ を満たすすべての $\hat{p}$ について，

$$2 \cdot 1.960 \cdot \sqrt{\frac{\hat{p}(1 - \hat{p})}{n}} \leq 0.04$$

を満たす自然数 n の最小値を求める．$\hat{p}(1 - \hat{p}) \leq \frac{1}{4}$ であるから，

$$1.960 \cdot \sqrt{\frac{1}{4n}} \leq 0.02$$

よって，

$$n \geq \left(\frac{1.960}{0.02} \right)^2 \cdot \frac{1}{4} = 2401$$

であるから，2401 世帯以上を調査する必要がある．

(2) (1) と同様にして，

$$2.576 \cdot \sqrt{\frac{0.11 \cdot 0.89}{n}} \leq 0.03$$

を満たす自然数 n の最小値を求める．よって，

$$n \geq \left(\frac{2.576}{0.03} \right)^2 \cdot 0.11 \cdot 0.89 \fallingdotseq 721.8$$

であるから，722 世帯以上を調査する必要がある．

第8節　統計的検定

8.1　母平均を μ とおき，$H_0 : \mu = 60$, $H_1 : \mu \neq 60$ に対して両側検定を行う．100 名の数学の得点の平均を $\overline{X}$ とすると，$Z = \dfrac{\overline{X} - 60}{17.6/10}$ は標準正規分布に従う．$z(0.025) = 1.960$ より，棄却域は $z \leqq -1.960$ または $z \geqq 1.960$ である．z の実現値は $z = \dfrac{62.5 - 60}{17.6/10} \fallingdotseq 1.420$ であり，棄却域に含まれないので，H_0 は棄却されない．よって，全受験生の数学の得点の平均は 60 点でないとはいえない．

8.2　母平均を μ とおき，$H_0 : \mu = 100$, $H_1 : \mu > 100$ として，右側検定を行う．16 個の新製品の寿命の平均を $\overline{X}$ とすると，$Z = \dfrac{\overline{X} - 100}{10/4}$ は標準正規分布 $N(0,1)$ に従う．棄却域は，$z(0.05) = 1.645$ から $z > 1.645$ である．z の実現値は，$z = \dfrac{106 - 100}{10/4} = 2.4$ であり，棄却域に含まれる．よって，H_0 は棄却され，製品の平均寿命は延びたといえる．

8.3　新製品の寿命の平均を μ, 16 個の新製品の寿命の平均と標本分散をそれぞれ $\overline{X}$, S^2 として，$H_0 : \mu = 100$, $H_1 : \mu > 100$ について有意水準 5% で右側検定を行う．H_0 が正しいとすると，$T = \dfrac{\overline{X} - 100}{S/\sqrt{15}}$ は自由度 15 の t 分布に従う．棄却域は $t > t_{15}(0.10) = 1.753$ であり，T の実現値は $t = \dfrac{110 - 100}{\sqrt{300}/\sqrt{15}} = 2.236$ であるから，H_0 は棄却される．よって，有意水準 5% では，平均寿命は延びたといえる．

8.4　この地域の T 球団のファンの比率を p として，$H_0 : p = 0.6$, $H_1 : p \neq 0.6$ について両側検定をする．300 人のうち T 球団のファンである比率を $\widehat{P}$ として，$Z = \dfrac{\widehat{P} - 0.6}{\sqrt{\dfrac{0.6 \cdot 0.4}{300}}}$ は標準正規分布 $N(0,1)$ に従う．棄却域は $|z| > 1.960$ であり，z の実現値は $z = \dfrac{\dfrac{164}{300} - 0.6}{\sqrt{\dfrac{0.6 \cdot 0.4}{300}}} \fallingdotseq -1.886$ とな

るから，帰無仮説は棄却されない．したがって，有意水準 5% では，この地域の T 球団のファンは 60% でないとはいえない．

8.5　新しい飼料を使ってとれた卵の長さの分散を σ^2 として，$H_0 : \sigma^2 = 16.2^2$, $H_1 : \sigma^2 < 16.2^2$ について左側検定を行う．標本分散を S^2 とすると，$\chi^2 = \dfrac{20S^2}{16.2^2}$ は自由度 19 の χ^2 分布に従う．棄却域は $\chi^2 < \chi^2{}_{19}(0.95) = 10.12$ であり，χ^2 の実現値は $\chi^2 = \dfrac{20 \cdot 13.5^2}{16.2^2} \fallingdotseq 13.89$ であるから，帰無仮説 H_0 は棄却されない．したがって，有意水準 5% で卵の長さのばらつきが小さくなったとはいえない．

8.6　(1) 第 1 種の誤りは，$p = \dfrac{1}{2}$ であるにもかかわらず，3 回続けて表が出るか 3 回続けて裏が出て，H_0 を棄却する誤りである．この確率は

$$\left(\dfrac{1}{2} \right)^3 + \left(\dfrac{1}{2} \right)^3 = \dfrac{1}{4}$$

である．

(2) 第 2 種の誤りは，$p \neq \dfrac{1}{2}$ であるにもかかわらず，3 回続けて表が出ることも 3 回続けて裏が出ることもなく，H_0 を棄却しない誤りである．この確率は

$$1 - \left\{ p^3 + (1-p)^3 \right\} = 3p(1-p)$$

である．

(3) (2) の結果から，p が満たす条件は，$3p(1-p) < \dfrac{1}{3}$ かつ $p \neq \dfrac{1}{2}$ である．これを解いて，$0 < p < \dfrac{3 - \sqrt{5}}{6}$ または $\dfrac{3 + \sqrt{5}}{6} < p < 1$ である．

8.7　H_0 が正しいとすると，X は二項分布 $B\left(10, \dfrac{1}{2} \right)$ に従い，確率分布表は次のようになる．

k	0	1	2	3	4	5
$P(X=k)$	$\dfrac{1}{1024}$	$\dfrac{10}{1024}$	$\dfrac{45}{1024}$	$\dfrac{120}{1024}$	$\dfrac{210}{1024}$	$\dfrac{252}{1024}$

6	7	8	9	10	合計
$\dfrac{210}{1024}$	$\dfrac{120}{1024}$	$\dfrac{45}{1024}$	$\dfrac{10}{1024}$	$\dfrac{1}{1024}$	1

(1) $P(X \le x_0) < 0.05$ となる x_0 を求める.

$$P(X \le 1) = \frac{11}{1024} \fallingdotseq 0.011 < 0.05,$$

$$P(X \le 2) = \frac{56}{1024} \fallingdotseq 0.055 > 0.05$$

より, $x_0 = 0, 1$ であるから, 求める棄却域は $x \le 1$ である.

(2) $P(X \le x_1) < 0.01$, $P(X \ge x_2) < 0.01$ となる x_1, x_2 を求める.

$$P(X \le 0) = \frac{1}{1024} \fallingdotseq 0.001 < 0.01,$$

$$P(X \le 1) = \frac{11}{1024} \fallingdotseq 0.011 > 0.01$$

より, $x_1 \le 0$ である. 同様にして, $x_2 \ge 10$. 以上から, 求める棄却域は $x \le 0$ または $x \ge 10$ である.

8.8 表が出る確率を p として, 帰無仮説は $H_0 : p = \frac{1}{2}$ である.

(1) 硬貨を 5 回投げて, 表が出る回数を X とすると, X は二項分布 $B\left(5, \frac{1}{2}\right)$ に従う.

$$P(X \le 0) = {}_5C_0 \left(\frac{1}{2}\right)^5$$
$$= \frac{1}{32} = 0.03125 < 0.05,$$
$$P(X \le 1) = {}_5C_0 \left(\frac{1}{2}\right)^5 + {}_5C_1 \left(\frac{1}{2}\right)^5$$
$$= \frac{6}{32} \fallingdotseq 0.1875 > 0.05$$

であるから, 棄却域は $X \le 0$ である. したがって, 帰無仮説は棄却されず, 表が出にくいとはいえない.

(2) 硬貨を n 回投げて, 表が出る回数を X とすると, X は二項分布 $B\left(n, \frac{1}{2}\right)$ に従う.

$$P(X \le 1) = {}_nC_0 \left(\frac{1}{2}\right)^n + {}_nC_1 \left(\frac{1}{2}\right)^n$$
$$= \frac{n+1}{2^n}$$

であるから, $X = 1$ が棄却域に入るのは, $\frac{n+1}{2^n} < 0.05$ を満たすときである. これを簡単にすると, $5(n+1) < 2^{n-2}$ であり, この不等式を満たす最小の n の値は 8 である.

8.9 雄の平均を μ_1, 雌の平均を μ_2 とする. 帰

無仮説は $H_0 : \mu_1 = \mu_2$ であり, 対立仮説を $H_1 : \mu_1 < \mu_2$ として左側検定を行う. 雄の標本平均を $\overline{X}$, 雌の標本平均を $\overline{Y}$, 雄と雌の標本分散の実現値をそれぞれ s_1^2, s_2^2 とすると, $Z = \dfrac{\overline{X} - \overline{Y}}{\sqrt{s_1^2/41 + s_2^2/50}}$ は近似的に正規分布に従い, 棄却域は $Z \le -1.645$ である. $u_1^2 = 11.2$, $u_2^2 = 12.5$ であるから Z の実現値は $z = \dfrac{82.2 - 85.0}{\sqrt{3.3^2/41 + 3.5^2/50}} \fallingdotseq -3.918$ であり, 棄却域に含まれる. よって, 有意水準 5% では, カマキリの雄の体長の平均が雌の体長の平均より小さいといえる.

8.10 A 工場, B 工場の引張強度の分散をそれぞれ σ_1^2, σ_2^2 とし, 帰無仮説 $H_0 : \sigma_1^2 = \sigma_2^2$, 対立仮説 $H_1 : \sigma_1^2 < \sigma_2^2$ について右側検定を行う. A 工場, B 工場の引張強度の不偏分散をそれぞれ U_1^2, U_2^2 とすると, $F = \dfrac{U_2^2}{U_1^2}$ は自由度 $(24, 16)$ の F 分布に従い, 棄却域は $f \ge F_{24,16}(0.05) = 2.24$ である. U_1^2, U_2^2 の実現値をそれぞれ u_1^2, u_2^2 とすると,

$$u_1^2 = \frac{17}{16} \times 20^2 = 425, \quad u_2^2 = \frac{25}{24} \times 28^2$$

$= 816.67$ であるから, F の実現値は $f = \dfrac{816.67}{425} \fallingdotseq 1.92$ であり, 棄却域に含まれない. したがって, 有意水準 5% では, B 工場の製品のほうが引張強度のばらつきが大きいとはいえない.

8.11 丸くて黄色, 丸くて緑色, しわがあって黄色, しわがあって緑色であることをそれぞれ A_1, A_2, A_3, A_4 とすると, 次の表ができる. 帰無仮説 $H_0 : P(A_i) = p_i$ $(i = 1, 2, 3, 4)$ を検定する.

	A_1	A_2	A_3	A_4	計
豆の数 (x_i)	224	64	64	32	384
母比率 (p_i)	$\frac{9}{16}$	$\frac{3}{16}$	$\frac{3}{16}$	$\frac{1}{16}$	1
理論値 (np_i)	216	72	72	24	384

$X = \displaystyle\sum_{i=1}^4 \frac{(x_i - np_i)^2}{np_i}$ は近似的に自由度 3

の χ^2 分布に従い，棄却域は $x \geq \chi^2{}_3(0.05) = 7.815$ である．x の実現値は

$$x = \frac{(224-216)^2}{216} + \frac{(64-72)^2}{72}$$
$$+ \frac{(64-72)^2}{72} + \frac{(32-24)^2}{24}$$
$$\fallingdotseq 4.741$$

であり，棄却域に含まれない．よって，有意水準 5% では，この豆がメンデルの法則に従わないとはいえない．

8.12　帰無仮説 H_0：「解析と代数の成績は独立である」について，χ^2 検定を行う．

$$T = \sum_{i=1}^{3}\sum_{j=1}^{3} \frac{(x_{ij}-np_{ij})^2}{np_{ij}} \text{ は近似的に自}$$

由度 $2 \cdot 2 = 4$ の χ^2 分布に従い，棄却域は $t \geq \chi^2{}_4(0.05) = 9.488$ である．

(1) H_0 が正しいとしたときの確率分布表は

	優(解析)	良(解析)	可(解析)	計
優(代数)	$\frac{1}{2}\cdot\frac{1}{2}$	$\frac{1}{2}\cdot\frac{1}{3}$	$\frac{1}{2}\cdot\frac{1}{6}$	$\frac{1}{2}$
良(代数)	$\frac{1}{3}\cdot\frac{1}{2}$	$\frac{1}{3}\cdot\frac{1}{3}$	$\frac{1}{3}\cdot\frac{1}{6}$	$\frac{1}{3}$
可(代数)	$\frac{1}{6}\cdot\frac{1}{2}$	$\frac{1}{6}\cdot\frac{1}{3}$	$\frac{1}{6}\cdot\frac{1}{6}$	$\frac{1}{6}$
計	$\frac{1}{2}$	$\frac{1}{3}$	$\frac{1}{6}$	1

であるから，期待度数を表す表は

	優(解析)	良(解析)	可(解析)	計
優(代数)	75	50	25	150
良(代数)	50	$\frac{100}{3}$	$\frac{50}{3}$	100
可(代数)	25	$\frac{50}{3}$	$\frac{25}{3}$	50
計	150	100	50	300

である．よって，T の実現値は，

$$t = \sum_{i=1}^{3}\sum_{j=1}^{3}\frac{(x_{ij}-np_{ij})^2}{np_{ij}}$$
$$= \frac{(73-75)^2}{75} + \cdots + \frac{\left(12-\frac{25}{3}\right)^2}{\frac{25}{3}}$$
$$\fallingdotseq 6.96$$

であり，棄却域に含まれない．したがって，有意水準 5% で解析と代数の成績は独立でないとはいえない．

(2) 期待度数を表す表は (1) と同じである．実現値は

$$\chi^2 = \sum_{i=1}^{3}\sum_{j=1}^{3}\frac{(x_{ij}-np_{ij})^2}{np_{ij}}$$
$$= \frac{(78-75)^2}{75} + \cdots + \frac{\left(19-\frac{25}{3}\right)^2}{\frac{25}{3}}$$
$$\fallingdotseq 20.88$$

であり，棄却域に含まれる．よって，有意水準 5% で解析と代数の成績は独立でないといえる．

8.13　A 工場と B 工場の製品の合板破壊時の圧力平均をそれぞれ μ_1, μ_2 とし，帰無仮説 $H_0: \mu_1 = \mu_2$，対立仮説 $H_1: \mu_1 \neq \mu_2$ を，有意水準 5% で両側検定する．製品の合板破壊時の圧力について，A 工場の製品の標本平均，標本分散をそれぞれ $\overline{X}, S_1{}^2$ とし，B 工場の製品の標本平均，標本分散をそれぞれ $\overline{Y}, S_2{}^2$ とする．また，2 工場の製品の母分散の推定量

$$U^2 = \frac{10S_1^2 + 15S_2^2}{10+15-2}$$

を用いると，

$$T = \frac{\overline{X}-\overline{Y}}{\sqrt{U^2(1/10+1/15)}}$$

は自由度 23 の t 分布に従う．棄却域は $|t| \geq 2.069$ であり，T の実現値は

$$t = \frac{7.5-7.8}{\sqrt{\frac{10\cdot0.38^2+15\cdot0.33^2}{23}\cdot\left(\frac{1}{10}+\frac{1}{15}\right)}}$$
$$\fallingdotseq -2.009$$

であるから，棄却域に含まれない．したがって，有意水準 5% では，合板破壊時の圧力平均に差があるとはいえない．

8.14　自宅生と寮生について，日常的に朝食を食べる学生の割合をそれぞれ p_1, p_2 とするとき，帰無仮説 $H_0: p_1 = p_2$，対立仮説 $H_1: p_1 \neq p_2$ を有意水準 5% で両側検定する．

自宅生と寮生について，日常的に朝食を食べる学生の割合の標本平均をそれぞれ $\widehat{P_1}$, $\widehat{P_2}$ とし，母比率の推定量を $\widehat{P} = \dfrac{600\widehat{P_1} + 400\widehat{P_2}}{600 + 400}$

とする．
標本の大きさ 600, 400 は十分大きいので，

$$Z = \frac{\widehat{P_1} - \widehat{P_2}}{\sqrt{\widehat{P}(1 - \widehat{P})\left(\dfrac{1}{600} + \dfrac{1}{400}\right)}}$$

は近似的に標準正規分布 $N(0, 1)$ に従い，棄却域は $|z| > 1.960$ である．$\widehat{P_1}$, $\widehat{P_2}$, $\widehat{P}$ の実現値は，

$$\widehat{p_1} = \frac{480}{600}, \quad \widehat{p_2} = \frac{340}{400}, \quad \widehat{p} = \frac{820}{1000}$$

であるから，Z の実現値は，

$$z = \frac{\dfrac{480}{600} - \dfrac{340}{400}}{\sqrt{\dfrac{820}{1000} \cdot \dfrac{180}{1000}\left(\dfrac{1}{600} + \dfrac{1}{400}\right)}}$$

$$\fallingdotseq -2.016$$

であり，棄却域に含まれる．したがって，有意水準 5% では，日常的に朝食を食べる学生の割合について，自宅生と寮生の間に差があるといえる．

付表 1　標準正規分布表

$$P(0 \leq Z \leq z) = \frac{1}{\sqrt{2\pi}} \int_0^z e^{-\frac{x^2}{2}} dx \text{ の値}$$

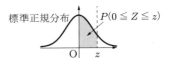

z	0.00	0.01	0.02	0.03	0.04	0.05	0.06	0.07	0.08	0.09
0.0	0.0000	0.0040	0.0080	0.0120	0.0160	0.0199	0.0239	0.0279	0.0319	0.0359
0.1	0.0398	0.0438	0.0478	0.0517	0.0557	0.0596	0.0636	0.0675	0.0714	0.0753
0.2	0.0793	0.0832	0.0871	0.0910	0.0948	0.0987	0.1026	0.1064	0.1103	0.1141
0.3	0.1179	0.1217	0.1255	0.1293	0.1331	0.1368	0.1406	0.1443	0.1480	0.1517
0.4	0.1554	0.1591	0.1628	0.1664	0.1700	0.1736	0.1772	0.1808	0.1844	0.1879
0.5	0.1915	0.1950	0.1985	0.2019	0.2054	0.2088	0.2123	0.2157	0.2190	0.2224
0.6	0.2257	0.2291	0.2324	0.2357	0.2389	0.2422	0.2454	0.2486	0.2517	0.2549
0.7	0.2580	0.2611	0.2642	0.2673	0.2704	0.2734	0.2764	0.2794	0.2823	0.2852
0.8	0.2881	0.2910	0.2939	0.2967	0.2995	0.3023	0.3051	0.3078	0.3106	0.3133
0.9	0.3159	0.3186	0.3212	0.3238	0.3264	0.3289	0.3315	0.3340	0.3365	0.3389
1.0	0.3413	0.3438	0.3461	0.3485	0.3508	0.3531	0.3554	0.3577	0.3599	0.3621
1.1	0.3643	0.3665	0.3686	0.3708	0.3729	0.3749	0.3770	0.3790	0.3810	0.3830
1.2	0.3849	0.3869	0.3888	0.3907	0.3925	0.3944	0.3962	0.3980	0.3997	0.4015
1.3	0.4032	0.4049	0.4066	0.4082	0.4099	0.4115	0.4131	0.4147	0.4162	0.4177
1.4	0.4192	0.4207	0.4222	0.4236	0.4251	0.4265	0.4279	0.4292	0.4306	0.4319
1.5	0.4332	0.4345	0.4357	0.4370	0.4382	0.4394	0.4406	0.4418	0.4429	0.4441
1.6	0.4452	0.4463	0.4474	0.4484	0.4495	0.4505	0.4515	0.4525	0.4535	0.4545
1.7	0.4554	0.4564	0.4573	0.4582	0.4591	0.4599	0.4608	0.4616	0.4625	0.4633
1.8	0.4641	0.4649	0.4656	0.4664	0.4671	0.4678	0.4686	0.4693	0.4699	0.4706
1.9	0.4713	0.4719	0.4726	0.4732	0.4738	0.4744	0.4750	0.4756	0.4761	0.4767
2.0	0.4772	0.4778	0.4783	0.4788	0.4793	0.4798	0.4803	0.4808	0.4812	0.4817
2.1	0.4821	0.4826	0.4830	0.4834	0.4838	0.4842	0.4846	0.4850	0.4854	0.4857
2.2	0.4861	0.4864	0.4868	0.4871	0.4875	0.4878	0.4881	0.4884	0.4887	0.4890
2.3	0.4893	0.4896	0.4898	0.4901	0.4904	0.4906	0.4909	0.4911	0.4913	0.4916
2.4	0.4918	0.4920	0.4922	0.4925	0.4927	0.4929	0.4931	0.4932	0.4934	0.4936
2.5	0.49379	0.49396	0.49413	0.49430	0.49446	0.49461	0.49477	0.49492	0.49506	0.49520
2.6	0.49534	0.49547	0.49560	0.49573	0.49585	0.49598	0.49609	0.49621	0.49632	0.49643
2.7	0.49653	0.49664	0.49674	0.49683	0.49693	0.49702	0.49711	0.49720	0.49728	0.49736
2.8	0.49744	0.49752	0.49760	0.49767	0.49774	0.49781	0.49788	0.49795	0.49801	0.49807
2.9	0.49813	0.49819	0.49825	0.49831	0.49836	0.49841	0.49846	0.49851	0.49856	0.49861
3.0	0.49865	0.49869	0.49874	0.49878	0.49882	0.49886	0.49889	0.49893	0.49896	0.49900

付表 2　標準正規分布の逆分布表

$$P(0 \leq Z \leq z) = \frac{1}{\sqrt{2\pi}} \int_0^z e^{-\frac{x^2}{2}} \, dx = \alpha \text{ となる } z \text{ の値}$$

標準正規分布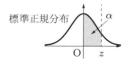

α	0.000	0.001	0.002	0.003	0.004	0.005	0.006	0.007	0.008	0.009
0.00	0.0000	0.0025	0.0050	0.0075	0.0100	0.0125	0.0150	0.0175	0.0201	0.0226
0.01	0.0251	0.0276	0.0301	0.0326	0.0351	0.0376	0.0401	0.0426	0.0451	0.0476
0.02	0.0502	0.0527	0.0552	0.0577	0.0602	0.0627	0.0652	0.0677	0.0702	0.0728
0.03	0.0753	0.0778	0.0803	0.0828	0.0853	0.0878	0.0904	0.0929	0.0954	0.0979
0.04	0.1004	0.1030	0.1055	0.1080	0.1105	0.1130	0.1156	0.1181	0.1206	0.1231
0.05	0.1257	0.1282	0.1307	0.1332	0.1358	0.1383	0.1408	0.1434	0.1459	0.1484
0.06	0.1510	0.1535	0.1560	0.1586	0.1611	0.1637	0.1662	0.1687	0.1713	0.1738
0.07	0.1764	0.1789	0.1815	0.1840	0.1866	0.1891	0.1917	0.1942	0.1968	0.1993
0.08	0.2019	0.2045	0.2070	0.2096	0.2121	0.2147	0.2173	0.2198	0.2224	0.2250
0.09	0.2275	0.2301	0.2327	0.2353	0.2378	0.2404	0.2430	0.2456	0.2482	0.2508
0.10	0.2533	0.2559	0.2585	0.2611	0.2637	0.2663	0.2689	0.2715	0.2741	0.2767
0.11	0.2793	0.2819	0.2845	0.2871	0.2898	0.2924	0.2950	0.2976	0.3002	0.3029
0.12	0.3055	0.3081	0.3107	0.3134	0.3160	0.3186	0.3213	0.3239	0.3266	0.3292
0.13	0.3319	0.3345	0.3372	0.3398	0.3425	0.3451	0.3478	0.3505	0.3531	0.3558
0.14	0.3585	0.3611	0.3638	0.3665	0.3692	0.3719	0.3745	0.3772	0.3799	0.3826
0.15	0.3853	0.3880	0.3907	0.3934	0.3961	0.3989	0.4016	0.4043	0.4070	0.4097
0.16	0.4125	0.4152	0.4179	0.4207	0.4234	0.4261	0.4289	0.4316	0.4344	0.4372
0.17	0.4399	0.4427	0.4454	0.4482	0.4510	0.4538	0.4565	0.4593	0.4621	0.4649
0.18	0.4677	0.4705	0.4733	0.4761	0.4789	0.4817	0.4845	0.4874	0.4902	0.4930
0.19	0.4959	0.4987	0.5015	0.5044	0.5072	0.5101	0.5129	0.5158	0.5187	0.5215
0.20	0.5244	0.5273	0.5302	0.5330	0.5359	0.5388	0.5417	0.5446	0.5476	0.5505
0.21	0.5534	0.5563	0.5592	0.5622	0.5651	0.5681	0.5710	0.5740	0.5769	0.5799
0.22	0.5828	0.5858	0.5888	0.5918	0.5948	0.5978	0.6008	0.6038	0.6068	0.6098
0.23	0.6128	0.6158	0.6189	0.6219	0.6250	0.6280	0.6311	0.6341	0.6372	0.6403
0.24	0.6433	0.6464	0.6495	0.6526	0.6557	0.6588	0.6620	0.6651	0.6682	0.6713
0.25	0.6745	0.6776	0.6808	0.6840	0.6871	0.6903	0.6935	0.6967	0.6999	0.7031
0.26	0.7063	0.7095	0.7128	0.7160	0.7192	0.7225	0.7257	0.7290	0.7323	0.7356
0.27	0.7388	0.7421	0.7454	0.7488	0.7521	0.7554	0.7588	0.7621	0.7655	0.7688
0.28	0.7722	0.7756	0.7790	0.7824	0.7858	0.7892	0.7926	0.7961	0.7995	0.8030
0.29	0.8064	0.8099	0.8134	0.8169	0.8204	0.8239	0.8274	0.8310	0.8345	0.8381
0.30	0.8416	0.8452	0.8488	0.8524	0.8560	0.8596	0.8633	0.8669	0.8705	0.8742
0.31	0.8779	0.8816	0.8853	0.8890	0.8927	0.8965	0.9002	0.9040	0.9078	0.9116
0.32	0.9154	0.9192	0.9230	0.9269	0.9307	0.9346	0.9385	0.9424	0.9463	0.9502
0.33	0.9542	0.9581	0.9621	0.9661	0.9701	0.9741	0.9782	0.9822	0.9863	0.9904
0.34	0.9945	0.9986	1.003	1.007	1.011	1.015	1.019	1.024	1.028	1.032
0.35	1.036	1.041	1.045	1.049	1.054	1.058	1.063	1.067	1.071	1.076
0.36	1.080	1.085	1.089	1.094	1.098	1.103	1.108	1.112	1.117	1.122
0.37	1.126	1.131	1.136	1.141	1.146	1.150	1.155	1.160	1.165	1.170
0.38	1.175	1.180	1.185	1.190	1.195	1.200	1.206	1.211	1.216	1.221
0.39	1.227	1.232	1.237	1.243	1.248	1.254	1.259	1.265	1.270	1.276
0.40	1.282	1.287	1.293	1.299	1.305	1.311	1.317	1.323	1.329	1.335
0.41	1.341	1.347	1.353	1.359	1.366	1.372	1.379	1.385	1.392	1.398
0.42	1.405	1.412	1.419	1.426	1.433	1.440	1.447	1.454	1.461	1.468
0.43	1.476	1.483	1.491	1.499	1.506	1.514	1.522	1.530	1.538	1.546
0.44	1.555	1.563	1.572	1.580	1.589	1.598	1.607	1.616	1.626	1.635
0.45	1.645	1.655	1.665	1.675	1.685	1.695	1.706	1.717	1.728	1.739
0.46	1.751	1.762	1.774	1.787	1.799	1.812	1.825	1.838	1.852	1.866
0.47	1.881	1.896	1.911	1.927	1.943	1.960	1.977	1.995	2.014	2.034
0.48	2.054	2.075	2.097	2.120	2.144	2.170	2.197	2.226	2.257	2.290
0.49	2.326	2.366	2.409	2.457	2.512	2.576	2.652	2.748	2.878	3.090

付表3 χ^2分布表

$P(\chi^2 \geq \chi^2{}_n(\alpha)) = \alpha$ となる $\chi^2{}_n(\alpha)$ の値

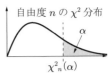

自由度 n の χ^2 分布

n \ α	0.995	0.990	0.975	0.950	0.900	0.500	0.100	0.050	0.025	0.010	0.005
1	0.0^4393	0.0^3157	0.0^3982	0.0^2393	0.0158	0.4549	2.706	3.841	5.024	6.635	7.879
2	0.0100	0.0201	0.0506	0.1026	0.2107	1.386	4.605	5.991	7.378	9.210	10.60
3	0.0717	0.1148	0.2158	0.3518	0.5844	2.366	6.251	7.815	9.348	11.34	12.84
4	0.2070	0.2971	0.4844	0.7107	1.064	3.357	7.779	9.488	11.14	13.28	14.86
5	0.4117	0.5543	0.8312	1.145	1.610	4.351	9.236	11.07	12.83	15.09	16.75
6	0.6757	0.8721	1.237	1.635	2.204	5.348	10.64	12.59	14.45	16.81	18.55
7	0.9893	1.239	1.690	2.167	2.833	6.346	12.02	14.07	16.01	18.48	20.28
8	1.344	1.646	2.180	2.733	3.490	7.344	13.36	15.51	17.53	20.09	21.95
9	1.735	2.088	2.700	3.325	4.168	8.343	14.68	16.92	19.02	21.67	23.59
10	2.156	2.558	3.247	3.940	4.865	9.342	15.99	18.31	20.48	23.21	25.19
11	2.603	3.053	3.816	4.575	5.578	10.34	17.28	19.68	21.92	24.72	26.76
12	3.074	3.571	4.404	5.226	6.304	11.34	18.55	21.03	23.34	26.22	28.30
13	3.565	4.107	5.009	5.892	7.042	12.34	19.81	22.36	24.74	27.69	29.82
14	4.075	4.660	5.629	6.571	7.790	13.34	21.06	23.68	26.12	29.14	31.32
15	4.601	5.229	6.262	7.261	8.547	14.34	22.31	25.00	27.49	30.58	32.80
16	5.142	5.812	6.908	7.962	9.312	15.34	23.54	26.30	28.85	32.00	34.27
17	5.697	6.408	7.564	8.672	10.09	16.34	24.77	27.59	30.19	33.41	35.72
18	6.265	7.015	8.231	9.390	10.86	17.34	25.99	28.87	31.53	34.81	37.16
19	6.844	7.633	8.907	10.12	11.65	18.34	27.20	30.14	32.85	36.19	38.58
20	7.434	8.260	9.591	10.85	12.44	19.34	28.41	31.41	34.17	37.57	40.00
21	8.034	8.897	10.28	11.59	13.24	20.34	29.60	32.67	35.48	38.93	41.40
22	8.643	9.542	10.98	12.34	14.04	21.34	30.81	33.92	36.78	40.29	42.80
23	9.260	10.20	11.70	13.09	14.85	22.34	32.01	35.17	38.08	41.64	44.18
24	9.886	10.86	12.40	13.85	15.66	23.34	33.20	36.42	39.36	42.98	45.56
25	10.52	11.52	13.12	14.61	16.47	24.34	34.38	37.65	40.65	44.31	46.93
26	11.16	12.20	13.84	15.38	17.29	25.34	35.56	38.89	41.92	45.64	48.29
27	11.81	12.88	14.57	16.15	18.11	26.34	36.74	40.11	43.19	46.96	49.64
28	12.46	13.56	15.31	16.93	18.94	27.34	37.92	41.34	44.46	48.28	50.99
29	13.12	14.26	16.05	17.71	19.77	28.34	39.09	42.56	45.72	49.59	52.34
30	13.79	14.95	16.79	18.49	20.60	29.34	40.26	43.77	46.98	50.89	53.67
40	20.71	22.16	24.43	26.51	29.05	39.34	51.81	55.76	59.34	63.69	66.77
50	27.99	29.71	32.36	34.76	37.69	49.33	63.17	67.50	71.42	76.15	79.49
60	35.53	37.48	40.48	43.19	46.46	59.33	74.40	79.08	83.30	88.38	91.95
70	43.28	45.44	48.76	51.74	55.33	69.33	85.53	90.53	95.02	100.4	104.2
80	51.17	53.54	57.15	60.39	64.28	79.33	96.58	101.9	106.6	112.3	116.3
90	59.20	61.75	65.65	69.13	73.29	89.33	107.6	113.1	118.1	124.1	128.3
100	67.33	70.06	74.22	77.93	82.36	99.33	118.5	124.3	129.6	135.8	140.2

付表4 t 分布表

$P(|T| \geq t_n(\alpha)) = \alpha$ となる $t_n(\alpha)$ の値

自由度 n の t 分布

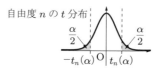

n α	0.500	0.400	0.300	0.200	0.100	0.050	0.020	0.010	0.001
1	1.000	1.376	1.963	3.078	6.314	12.71	31.82	63.66	636.6
2	0.816	1.061	1.386	1.886	2.920	4.303	6.965	9.925	31.60
3	0.765	0.978	1.250	1.638	2.353	3.182	4.541	5.841	12.92
4	0.741	0.941	1.190	1.533	2.132	2.776	3.747	4.604	8.610
5	0.727	0.920	1.156	1.476	2.015	2.571	3.365	4.032	6.869
6	0.718	0.906	1.134	1.440	1.943	2.447	3.143	3.707	5.959
7	0.711	0.896	1.119	1.415	1.895	2.365	2.998	3.499	5.408
8	0.706	0.889	1.108	1.397	1.860	2.306	2.896	3.355	5.041
9	0.703	0.883	1.100	1.383	1.833	2.262	2.821	3.250	4.781
10	0.700	0.879	1.093	1.372	1.812	2.228	2.764	3.169	4.587
11	0.697	0.876	1.088	1.363	1.796	2.201	2.718	3.106	4.437
12	0.695	0.873	1.083	1.356	1.782	2.179	2.681	3.055	4.318
13	0.694	0.870	1.079	1.350	1.771	2.160	2.650	3.012	4.221
14	0.692	0.868	1.076	1.345	1.761	2.145	2.624	2.977	4.140
15	0.691	0.866	1.074	1.341	1.753	2.131	2.602	2.947	4.073
16	0.690	0.865	1.071	1.337	1.746	2.120	2.583	2.921	4.015
17	0.689	0.863	1.069	1.333	1.740	2.110	2.567	2.898	3.965
18	0.688	0.862	1.067	1.330	1.734	2.101	2.552	2.878	3.922
19	0.688	0.861	1.066	1.328	1.729	2.093	2.539	2.861	3.883
20	0.687	0.860	1.064	1.325	1.725	2.086	2.528	2.845	3.850
21	0.686	0.859	1.063	1.323	1.721	2.080	2.518	2.831	3.819
22	0.686	0.858	1.061	1.321	1.717	2.074	2.508	2.819	3.792
23	0.685	0.858	1.060	1.319	1.714	2.069	2.500	2.807	3.768
24	0.685	0.857	1.059	1.318	1.711	2.064	2.492	2.797	3.745
25	0.684	0.856	1.058	1.316	1.708	2.060	2.485	2.787	3.725
26	0.684	0.856	1.058	1.315	1.706	2.056	2.479	2.779	3.707
27	0.684	0.855	1.057	1.314	1.703	2.052	2.473	2.771	3.690
28	0.683	0.855	1.056	1.313	1.701	2.048	2.467	2.763	3.674
29	0.683	0.854	1.055	1.311	1.699	2.045	2.462	2.756	3.659
30	0.683	0.854	1.055	1.310	1.697	2.042	2.457	2.750	3.646
40	0.681	0.851	1.050	1.303	1.684	2.021	2.423	2.704	3.551
50	0.679	0.849	1.047	1.299	1.676	2.009	2.403	2.678	3.496
60	0.679	0.848	1.045	1.296	1.671	2.000	2.390	2.660	3.460
70	0.678	0.847	1.044	1.294	1.667	1.994	2.381	2.648	3.435
80	0.678	0.846	1.043	1.292	1.664	1.990	2.374	2.639	3.416
90	0.677	0.846	1.042	1.291	1.662	1.987	2.368	2.632	3.402
100	0.677	0.845	1.042	1.290	1.660	1.984	2.364	2.626	3.390
∞	0.674	0.842	1.036	1.282	1.645	1.960	2.326	2.576	3.291

付表 5-1　F 分布表

$P(F \geqq F_{m,n}(\alpha)) = \alpha$ となる $F_{m,n}(\alpha)$ の値　($\alpha = 0.05$)

自由度 (m, n) の F 分布

m \ n	1	2	3	4	5	6	7	8	9	10	12	15	20	24	30	40	50	100	∞
1	161.4	199.5	215.7	224.6	230.2	234.0	236.8	238.9	240.5	241.9	243.9	245.9	248.0	249.1	250.1	251.1	251.8	253.0	254.3
2	18.51	19.00	19.16	19.25	19.30	19.33	19.35	19.37	19.38	19.40	19.41	19.43	19.45	19.45	19.46	19.47	19.48	19.49	19.50
3	10.13	9.55	9.28	9.12	9.01	8.94	8.89	8.85	8.81	8.79	8.74	8.70	8.66	8.64	8.62	8.59	8.58	8.55	8.53
4	7.71	6.94	6.59	6.39	6.26	6.16	6.09	6.04	6.00	5.96	5.91	5.86	5.80	5.77	5.75	5.72	5.70	5.66	5.63
5	6.61	5.79	5.41	5.19	5.05	4.95	4.88	4.82	4.77	4.74	4.68	4.62	4.56	4.53	4.50	4.46	4.44	4.41	4.37
6	5.99	5.14	4.76	4.53	4.39	4.28	4.21	4.15	4.10	4.06	4.00	3.94	3.87	3.84	3.81	3.77	3.75	3.71	3.67
7	5.59	4.74	4.35	4.12	3.97	3.87	3.79	3.73	3.68	3.64	3.57	3.51	3.44	3.41	3.38	3.34	3.32	3.27	3.23
8	5.32	4.46	4.07	3.84	3.69	3.58	3.50	3.44	3.39	3.35	3.28	3.22	3.15	3.12	3.08	3.04	3.02	2.97	2.93
9	5.12	4.26	3.86	3.63	3.48	3.37	3.29	3.23	3.18	3.14	3.07	3.01	2.94	2.90	2.86	2.83	2.80	2.76	2.71
10	4.96	4.10	3.71	3.48	3.33	3.22	3.14	3.07	3.02	2.98	2.91	2.85	2.77	2.74	2.70	2.66	2.64	2.59	2.54
11	4.84	3.98	3.59	3.36	3.20	3.09	3.01	2.95	2.90	2.85	2.79	2.72	2.65	2.61	2.57	2.53	2.51	2.46	2.40
12	4.75	3.89	3.49	3.26	3.11	3.00	2.91	2.85	2.80	2.75	2.69	2.62	2.54	2.51	2.47	2.43	2.40	2.35	2.30
13	4.67	3.81	3.41	3.18	3.03	2.92	2.83	2.77	2.71	2.67	2.60	2.53	2.46	2.42	2.38	2.34	2.31	2.26	2.21
14	4.60	3.74	3.34	3.11	2.96	2.85	2.76	2.70	2.65	2.60	2.53	2.46	2.39	2.35	2.31	2.27	2.24	2.19	2.13
15	4.54	3.68	3.29	3.06	2.90	2.79	2.71	2.64	2.59	2.54	2.48	2.40	2.33	2.29	2.25	2.20	2.18	2.12	2.07
16	4.49	3.63	3.24	3.01	2.85	2.74	2.66	2.59	2.54	2.49	2.42	2.35	2.28	2.24	2.19	2.15	2.12	2.07	2.01
17	4.45	3.59	3.20	2.96	2.81	2.70	2.61	2.55	2.49	2.45	2.38	2.31	2.23	2.19	2.15	2.10	2.08	2.02	1.96
18	4.41	3.55	3.16	2.93	2.77	2.66	2.58	2.51	2.46	2.41	2.34	2.27	2.19	2.15	2.11	2.06	2.04	1.98	1.92
19	4.38	3.52	3.13	2.90	2.74	2.63	2.54	2.48	2.42	2.38	2.31	2.23	2.16	2.11	2.07	2.03	2.00	1.94	1.88
20	4.35	3.49	3.10	2.87	2.71	2.60	2.51	2.45	2.39	2.35	2.28	2.20	2.12	2.08	2.04	1.99	1.97	1.91	1.84
21	4.32	3.47	3.07	2.84	2.68	2.57	2.49	2.42	2.37	2.32	2.25	2.18	2.10	2.05	2.01	1.96	1.94	1.88	1.81
22	4.30	3.44	3.05	2.82	2.66	2.55	2.46	2.40	2.34	2.30	2.23	2.15	2.07	2.03	1.98	1.94	1.91	1.85	1.78
23	4.28	3.42	3.03	2.80	2.64	2.53	2.44	2.37	2.32	2.27	2.20	2.13	2.05	2.01	1.96	1.91	1.88	1.82	1.76
24	4.26	3.40	3.01	2.78	2.62	2.51	2.42	2.36	2.30	2.25	2.18	2.11	2.03	1.98	1.94	1.89	1.86	1.80	1.73
25	4.24	3.39	2.99	2.76	2.60	2.49	2.40	2.34	2.28	2.24	2.16	2.09	2.01	1.96	1.91	1.87	1.84	1.78	1.71
30	4.17	3.32	2.92	2.69	2.53	2.42	2.33	2.27	2.21	2.16	2.09	2.01	1.93	1.89	1.84	1.79	1.76	1.70	1.62
40	4.08	3.23	2.84	2.61	2.45	2.34	2.25	2.18	2.12	2.08	2.00	1.92	1.84	1.79	1.74	1.69	1.66	1.59	1.51
50	4.03	3.18	2.79	2.56	2.40	2.29	2.20	2.13	2.07	2.03	1.95	1.87	1.78	1.74	1.69	1.63	1.60	1.52	1.44
100	3.94	3.09	2.70	2.46	2.31	2.19	2.10	2.03	1.97	1.93	1.85	1.77	1.68	1.63	1.57	1.52	1.48	1.39	1.28
∞	3.84	3.00	2.60	2.37	2.21	2.10	2.01	1.94	1.88	1.83	1.75	1.67	1.57	1.52	1.46	1.39	1.35	1.24	1.00

付表 5−2　**F 分布表**

$P(F \geqq F_{m,n}(\alpha)) = \alpha$ となる $F_{m,n}(\alpha)$ の値　$(\alpha = 0.025)$

n \ m	1	2	3	4	5	6	7	8	9	10	12	15	20	24	30	40	50	100	∞
1	647.8	799.5	864.2	899.6	921.8	937.1	948.2	956.7	963.3	968.6	976.7	984.9	993.1	997.2	1001.4	1005.6	1008.1	1013.2	1018.3
2	38.51	39.00	39.17	39.25	39.30	39.33	39.36	39.37	39.39	39.40	39.41	39.43	39.45	39.46	39.46	39.47	39.48	39.49	39.50
3	17.44	16.04	15.44	15.10	14.88	14.73	14.62	14.54	14.47	14.42	14.34	14.25	14.17	14.12	14.08	14.04	14.01	13.96	13.90
4	12.22	10.65	9.98	9.60	9.36	9.20	9.07	8.98	8.90	8.84	8.75	8.66	8.56	8.51	8.46	8.41	8.38	8.32	8.26
5	10.01	8.43	7.76	7.39	7.15	6.98	6.85	6.76	6.68	6.62	6.52	6.43	6.33	6.28	6.23	6.18	6.14	6.08	6.02
6	8.81	7.26	6.60	6.23	5.99	5.82	5.70	5.60	5.52	5.46	5.37	5.27	5.17	5.12	5.07	5.01	4.98	4.92	4.85
7	8.07	6.54	5.89	5.52	5.29	5.12	4.99	4.90	4.82	4.76	4.67	4.57	4.47	4.41	4.36	4.31	4.28	4.21	4.14
8	7.57	6.06	5.42	5.05	4.82	4.65	4.53	4.43	4.36	4.30	4.20	4.10	4.00	3.95	3.89	3.84	3.81	3.74	3.67
9	7.21	5.71	5.08	4.72	4.48	4.32	4.20	4.10	4.03	3.96	3.87	3.77	3.67	3.61	3.56	3.51	3.47	3.40	3.33
10	6.94	5.46	4.83	4.47	4.24	4.07	3.95	3.85	3.78	3.72	3.62	3.52	3.42	3.37	3.31	3.26	3.22	3.15	3.08
11	6.72	5.26	4.63	4.28	4.04	3.88	3.76	3.66	3.59	3.53	3.43	3.33	3.23	3.17	3.12	3.06	3.03	2.96	2.88
12	6.55	5.10	4.47	4.12	3.89	3.73	3.61	3.51	3.44	3.37	3.28	3.18	3.07	3.02	2.96	2.91	2.87	2.80	2.73
13	6.41	4.97	4.35	4.00	3.77	3.60	3.48	3.39	3.31	3.25	3.15	3.05	2.95	2.89	2.84	2.78	2.74	2.67	2.60
14	6.30	4.86	4.24	3.89	3.66	3.50	3.38	3.29	3.21	3.15	3.05	2.95	2.84	2.79	2.73	2.67	2.64	2.56	2.49
15	6.20	4.77	4.15	3.80	3.58	3.41	3.29	3.20	3.12	3.06	2.96	2.86	2.76	2.70	2.64	2.59	2.55	2.47	2.40
16	6.12	4.69	4.08	3.73	3.50	3.34	3.22	3.12	3.05	2.99	2.89	2.79	2.68	2.63	2.57	2.51	2.47	2.40	2.32
17	6.04	4.62	4.01	3.66	3.44	3.28	3.16	3.06	2.98	2.92	2.82	2.72	2.62	2.56	2.50	2.44	2.41	2.33	2.25
18	5.98	4.56	3.95	3.61	3.38	3.22	3.10	3.01	2.93	2.87	2.77	2.67	2.56	2.50	2.44	2.38	2.35	2.27	2.19
19	5.92	4.51	3.90	3.56	3.33	3.17	3.05	2.96	2.88	2.82	2.72	2.62	2.51	2.45	2.39	2.33	2.30	2.22	2.13
20	5.87	4.46	3.86	3.51	3.29	3.13	3.01	2.91	2.84	2.77	2.68	2.57	2.46	2.41	2.35	2.29	2.25	2.17	2.09
21	5.83	4.42	3.82	3.48	3.25	3.09	2.97	2.87	2.80	2.73	2.64	2.53	2.42	2.37	2.31	2.25	2.21	2.13	2.04
22	5.79	4.38	3.78	3.44	3.22	3.05	2.93	2.84	2.76	2.70	2.60	2.50	2.39	2.33	2.27	2.21	2.17	2.09	2.00
23	5.75	4.35	3.75	3.41	3.18	3.02	2.90	2.81	2.73	2.67	2.57	2.47	2.36	2.30	2.24	2.18	2.14	2.06	1.97
24	5.72	4.32	3.72	3.38	3.15	2.99	2.87	2.78	2.70	2.64	2.54	2.44	2.33	2.27	2.21	2.15	2.11	2.02	1.94
25	5.69	4.29	3.69	3.35	3.13	2.97	2.85	2.75	2.68	2.61	2.51	2.41	2.30	2.24	2.18	2.12	2.08	2.00	1.91
30	5.57	4.18	3.59	3.25	3.03	2.87	2.75	2.65	2.57	2.51	2.41	2.31	2.20	2.14	2.07	2.01	1.97	1.88	1.79
40	5.42	4.05	3.46	3.13	2.90	2.74	2.62	2.53	2.45	2.39	2.29	2.18	2.07	2.01	1.94	1.88	1.83	1.74	1.64
50	5.34	3.97	3.39	3.05	2.83	2.67	2.55	2.46	2.38	2.32	2.22	2.11	1.99	1.93	1.87	1.80	1.75	1.66	1.55
100	5.18	3.83	3.25	2.92	2.70	2.54	2.42	2.32	2.24	2.18	2.08	1.97	1.85	1.78	1.71	1.64	1.59	1.48	1.35
∞	5.02	3.69	3.12	2.79	2.57	2.41	2.29	2.19	2.11	2.04	1.94	1.83	1.71	1.64	1.57	1.48	1.43	1.30	1.00

監修者　上野　健爾　京都大学名誉教授・四日市大学関孝和数学研究所長
　　　　　　　　　　理学博士

編　者　高専の数学教材研究会

　編集委員（五十音順）
　阿蘇　和寿　石川工業高等専門学校名誉教授［執筆代表］
　梅野　善雄　一関工業高等専門学校名誉教授
　佐藤　義隆　東京工業高等専門学校名誉教授
　長水　壽寛　福井工業高等専門学校教授
　馬渕　雅生　八戸工業高等専門学校教授
　柳井　忠　　新居浜工業高等専門学校教授

　執筆者（五十音順）
　阿蘇　和寿　石川工業高等専門学校名誉教授
　梅野　善雄　一関工業高等専門学校名誉教授
　大貫　洋介　鈴鹿工業高等専門学校准教授
　小原　康博　熊本高等専門学校名誉教授
　片方　江　　東北学院大学准教授
　勝谷　浩明　豊田工業高等専門学校教授
　栗原　博之　茨城大学准教授
　古城　克也　新居浜工業高等専門学校教授
　小中澤聖二　東京工業高等専門学校教授
　小鉢　暢夫　熊本高等専門学校准教授
　小林　茂樹　長野工業高等専門学校教授
　佐藤　巌　　小山工業高等専門学校名誉教授
　佐藤　直紀　長岡工業高等専門学校准教授
　佐藤　義隆　東京工業高等専門学校名誉教授
　高田　功　　明石工業高等専門学校教授
　徳一　保生　北九州工業高等専門学校名誉教授
　冨山　正人　石川工業高等専門学校教授
　長岡　耕一　旭川工業高等専門学校名誉教授
　中谷　実伸　福井工業高等専門学校教授
　長水　壽寛　福井工業高等専門学校教授
　波止元　仁　東京工業高等専門学校准教授
　松澤　寛　　神奈川大学教授
　松田　修　　津山工業高等専門学校教授
　馬渕　雅生　八戸工業高等専門学校教授
　宮田　一郎　元金沢工業高等専門学校教授
　森田　健二　石川工業高等専門学校教授
　森本　真理　秋田工業高等専門学校准教授
　安富　真一　東邦大学教授
　柳井　忠　　新居浜工業高等専門学校教授
　山田　章　　長岡工業高等専門学校教授
　山本　茂樹　茨城工業高等専門学校名誉教授
　渡利　正弘　芝浦工業大学特任准教授/クアラルンプール大学講師

（所属および肩書きは 2022 年 12 月現在のものです）

高専テキストシリーズ
確率統計問題集（第 2 版）

2014 年 3 月 24 日　第 1 版第 1 刷発行
2022 年 3 月 10 日　第 1 版第 4 刷発行
2023 年 1 月 26 日　第 2 版第 1 刷発行

編者　　　高専の数学教材研究会

編集担当　太田陽喬（森北出版）
編集責任　上村紗帆（森北出版）
組版　　　ウルス
印刷　　　創栄図書印刷
製本　　　　同

発行者　　森北博巳
発行所　　森北出版株式会社
　　　　　〒102–0071　東京都千代田区富士見 1–4–11
　　　　　03–3265–8342（営業・宣伝マネジメント部）
　　　　　https://www.morikita.co.jp/